U0168694

这不是中国建筑史

钱正雄 著

清华大学出版社
北 京

图书在版编目（CIP）数据

这不是中国建筑史 / 钱正雄著 . —北京 : 清华大学出版社 , 2022.4
ISBN 978-7-302-60101-2

Ⅰ . ①这… Ⅱ . ①钱… Ⅲ . ①建筑史 – 中国 – 普及读物 Ⅳ . ① TU–092

中国版本图书馆 CIP 数据核字（2022）第 020316 号

责任编辑： 孙元元
装帧设计： 任关强
责任校对： 王荣静
责任印制： 杨　艳

出版发行： 清华大学出版社
　　　　　　网　　址：http://www.tup.com.cn, http://www.wqbook.com
　　　　　　地　　址：北京清华大学学研大厦 A 座　　　　邮　　编：100084
　　　　　　社总机：010-83470000　　　　　　　　　　邮　　购：010-62786544
　　　　　　投稿与读者服务：010-62776969, c-service@tup.tsinghua.edu.cn
　　　　　　质量反馈：010-62772015, zhiliang@tup.tsinghua.edu.cn
印装者： 小森印刷（北京）有限公司
经　销： 全国新华书店
开　本： 154mm×230mm　　　**印　张：** 15.5　　　**字　数：** 207 千字
版　次： 2022 年 4 月第 1 版　　　**印　次：** 2022 年 4 月第 1 次印刷
定　价： 99.00 元

产品编号：086257-01

序

　　这本书的出现，距离我写第一篇关于脊兽的古建筑文章，已经过去七年了。我至今还记得，在那个远离市区的小屋里，一个人挥汗如雨地写作，以至于帮我装家具的小哥，看到满桌的书籍与资料，误以为我在备战高考。

　　我的主业，是一名广告平面设计师。熟悉我公众号的老读者都知道，我以前公众号风格是很讲究设计的，封面图、插图、海报，都是自己一手设计。关于古建筑，那是自己的一大爱好，就像这本书里说的，每个人的心里，其实都有一个"心灵密室"，那里面装的，就是你与这个世界保持平和相处的秘诀，也是你能拿出来与这个世界对话的最好方式。

　　建筑，被很多人称为"艺术之母"，它包含了绘画、雕塑、文学、历史、人文、科技、政治等几乎一切艺术手段和人文意义。而中国的古代建筑，由于历史原因，能留存至今、供我们欣赏与研究的已经不多。所以我希望能够用自己的方式，用自己的文字，记录下这些历史的精灵，让它们存活在更多人的兴趣里。

　　这本书，我其实不敢把它归类在任何一种文体里，它算不上一本严格意义上的科普书，所涉及的建筑知识很浅，文字也不算优美，甚至前后文字风格都有很大差别。但它却是我对中国古代建筑的所有情感表达。我希望用所有我觉得好玩的手段，表达我对中国古建筑和中国文化的热情，也希望这份热爱能够感染你。

　　书中一共有五十篇小文章，希望是你喜欢中国古建筑的开始。其中也有一些文章属于夹带的"私货"，和建筑没什么直接关系，也希望你喜欢。如果书中出现专业性的错误或遗漏，希望给我指正，在我的媒体号后台留言就可以（全网同名："老钱的江湖"）。当然，有些内容纯属娱乐，看看就好。

　　我很幸运，能让更多人看到我自己解读艺术的方式，在这里要感谢清华大学出版社编辑的邀约。

　　希望你的"心灵密室"中，也能有一扇带有中国式格扇的户牖。

　　是为序。

钱正雄

2021 年 7 月 31 日于天津

目录

一 飞檐翘脊

1. 中国建筑上的帽子：屋顶

　　小时候的我，特别不爱出去玩，宁可自己在棉被山上拿着小木枪冲锋，或者用一下午时间把小人书上的林黛玉画成怪石。妈妈总是说："看你闲得五脊六兽的，出去玩儿会儿吧。"

　　其实，我很忙好吗？

　　那么，妈妈说的这个"五脊六兽"，到底是个什么兽呢？

　　中国古代建筑的屋顶上，通常会站着一排小兽。有时两三个，有时七八个，这就是我们常说的"脊兽"了。"脊"就是屋脊的意思。那为什么是五个脊和六个兽呢？这就要先从中国古建筑的屋顶类型说起。

　　提个问题：一个戴着帽子的人和一个不戴帽子的人同时向我们走来，你会先注意哪个人呢？

　　通常，我们会先注意戴着帽子的那个人，因为在视觉上人们通常会先注意有特殊形状的物体。同样，我们在各地看到的不同类型的古建筑或仿古建筑，大到宫殿楼阁，小到亭子长廊，都戴着一顶漂亮的帽子，这就是中国传统建筑中最吸引人的地方——飞檐翘角的屋顶。所以在聊五脊六兽之前，我们就有必要先聊一聊屋顶的大学问。

　　在中华民族几千年的文化脉络中，各种艺术形式层出不穷，而建筑是一种既有实际功能又有精神层面寓意和文化内涵的艺术形式。在满足于遮风避雨的实用功能之后，人们又赋予了建筑艺术更多的精神内容，阶级的、宗教的、情感的、艺术的，不一而足。而屋顶，这个中国建筑上最显眼的帽子，几乎承载了整个建筑一半的体量，自然也赋予了建筑更多的精神内涵。

　　中国古代几千年都是封建君主专政的制度，等级制度森严，就拿盖房子来说，也有严格的等级制度：让你用什么样的屋顶，就得用什么样的屋顶；让你用几级台阶，多一级都不行。你想在门上弄个装饰？先查查你的官级到了没有。就连大门上的钉子都是有数的，多一颗？

那叫僭越，立刻抓起来——是不是想造反啊？是？咔嚓！不是？谁信啊？咔嚓！

没地儿说理去。

既然没胆量造反，那就乖乖地按规矩来吧。

等级最高的一种屋顶，清代叫作庑殿顶，也叫作五脊顶或四阿顶（不是四阿哥）。因为它有一条正脊，四条垂脊，形成了四面坡屋顶。这种屋顶形式一般用在宫殿或寺庙等高级别的建筑上。

你以为这就是最高等级了？要是一层庑殿顶是最高等级，那在上面再加一层呢？那就是超高级了吧。这种屋顶叫作重檐庑殿顶，自然是比单檐的要更高级了。看看故宫里的太和殿和乾清宫，都是戴着两层帽子。

重檐庑殿顶（故宫）

由此可见，所有的重檐顶都比单檐顶要高级，费那劲儿多造出来一层当然不是为了好玩儿。

比庑殿顶稍差一个等级的屋顶叫作歇山顶，一条正脊，四条垂脊，四条戗脊，两边垂脊不是一次下来，而是"歇"了一下。因为有九条脊，所以也叫"九脊顶"，一般也是用在宫殿建筑上。歇山顶的两端各自形成了一个三角形的垂直面（与庑殿顶侧面的坡面不同），叫作"山花"。这个三角形地带才是屋顶上最有看头的地方，设计师们不惜把最有装饰效果的造型构件放在这里，便是为了使这顶帽子更加绚丽夺目。

歇山顶（故宫）

歇山顶各部分示意图

以上两种是宫殿或寺庙等高级别建筑所用的屋顶，下面这两种就是民居常用的了，一种叫作"硬山顶"，一种叫作"悬山顶"。

硬山顶也有五条脊，一条正脊，四条垂脊，前后两面坡屋顶，屋顶两端与左右山墙齐平。

硬山顶（五台山）

悬山顶的其他部分都跟硬山顶一样，只是山面的两边屋檐挑出山墙以外，悬山嘛，顾名思义，就得悬出来一块儿。这多出来的一块儿也是有名字的，叫作"出际"。悬山和硬山是两种最简单、最基础的屋顶形式，在古代是一般老百姓用的。当然，土豪随意，富人家里的配房、仓库什么的也会用这种屋顶。

还有一种屋顶，叫作攒尖顶，就是我们经常在亭子、塔上看到的那种尖顶，没有正脊，有四条或多条垂脊，正中还有一个圆圆的宝顶。

除此之外，还有顶部平平的盝顶，没有正脊的卷棚顶，像个头盔一样的盔顶，等等。这些不同用法的屋顶组成了一个庞大的屋顶家族，使中国建筑有了多姿多彩的各式帽子。

戴个好看的帽子还真是显得精神。

悬山顶（五台山）

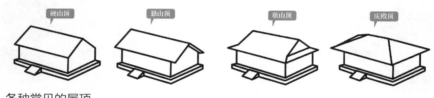

各种常见的屋顶

2. 屋顶上为什么要放那些小宠物：脊兽

了解了中国古代建筑的各种屋顶样式，我们来详细聊聊屋顶上的众位脊兽。

我们说过，中国古代建筑的屋顶是有严格等级划分的，而屋顶上小兽的数量也是和等级有直接关系的，按等级一般安放三个、五个、七个或更多。一般五个的比较常见，再加上后面的垂兽，一共是六只小兽，所以就叫"五脊六兽"了。

脊兽（故宫）

中国建筑什么都要看等级，级别不够的不但脊兽没几个，台阶也少好几阶，门钉也少好几排，总之一切按级别来。那么问题来了，哪个建筑上的脊兽最多呢？

有一间屋子，它的屋顶上有十个脊兽，是全中国建筑中脊兽最多的。这间屋子在北京，在故宫里。它是紫禁城内体量最大、等级最高的建筑物。

它不是皇上上朝的地方，而是祭祀和举行重大仪式的地方。它的名字叫太和殿。

为什么太和殿上有十个脊兽？

其实这是中国古代的等级制度，太和殿是用来给皇家祭祀用的，所以在故宫中等级最高，所以屋顶上的脊兽也就最多。

现在，我们就来看看这十个小兽都是何方神圣吧。这十个小宠物分别叫：1. 龙，2. 凤，3. 狮子，4. 海马，5. 天马，6. 狎鱼，7. 狻猊，8. 獬豸，9. 斗牛，10. 行什。

脊兽（故宫太和殿）

这就是故宫太和殿上脊兽排列的顺序。这个顺序和《大清会典》里面说的顺序有些出入，具体就是天马和海马换了个位置，狻猊和狎鱼换了个位置。它们长得都很像，站立的姿势也差不多，远远看去，真是很不好辨认，一不留神就弄混了。

关于这些仙人和小兽的来历和作用，你就记住一句话就行：它们都是中国传统文化中祥瑞的象征，为了传达人们的一种美好的愿望。所以有各种传说，同时也给它们加了各种各样的人设。

当然，这种人设是永远不会崩掉的。

站在第一个的叫作骑凤仙人，也叫骑鸡仙人。他不算在脊兽里，是个领队的。原因很简单，他是人，不是兽嘛。他是个道人的打扮，手上还拿着笏板。所骑的是一只凤，浑身羽毛，尖嘴细目。关于这个道人的来历，我们一会儿再说。

骑凤仙人后面的第一位就是龙了。当然，站在前排的几位，基本都是上天入地、翻江倒海的狠角色。龙、凤都是皇权的象征；狮子是兽中之王，是威武的象征；天马日行千里，海马象征吉祥与智慧。这几位大佬一直占据着前排沙发的位置。

龙的最大特点，就是特点太多了。我们都知道中国文化中"龙"的形象，是由多种生物"拼凑"而来，说点儿文言，就是："角似鹿、头似驼、眼似兔、项似蛇、腹似蜃、鳞似鱼、爪似鹰、掌似虎、耳似牛……"（宋 罗愿《尔雅翼》）。这么多特点，全放在一个小小的脊兽上，那可就困难多了。能把这几个重点部位表现出来就已经很不容易了，所以这位龙同学身上基本是全副武装的：身上有鳞，头上有角，脚为鹰爪，身上有火焰纹，腹部还是一节一节的。

不过，龙的一个很大的特点就是两根长长的龙须，这里没有表现出来，除此之外，其他的鬃毛表现得还是很到位的。这位龙同学，站在一众小兽的第一位，身材魁梧，目视前方，还真有点带头大哥的意思。

第二位，是凤。远远看去，怎么像反放着的一只高跟鞋呢。

其实这就是它和其他小兽最大的不同。因为它是凤凰，是一只鸟，所以，它的下半身是两条鸟腿加一条尾巴，这个形也是"逆了天"了。当然这也是为了追求和其他小兽从外形、体量上差不多，这才把尾巴当作身体的后半部支撑在那儿的。往上看，鸟嘴、羽毛、翅膀等特点一应俱全，很容易就能看出来是一只鸟——哦不，是一只凤。

凤的后面，第三位，就是狮子，它也是一种威武的权力象征。管用不管用不知道，反正是先吓唬你一下。

有一年夏天，故宫出了款网红雪糕，原型就是这只狮子。它最大的特点，是一头的羊毛卷儿，或者叫"螺髻"吧，也就是像海螺一样的一个个的发髻，一般在佛教的形象上常见。平心而论，和故宫里随处可见的石狮子形象还是挺像的。其他的特点，就是身上的火焰纹，嘴里的小虎牙什么的，基本是石狮子的缩小版。

第四位和第五位，就是海马和天马。

海马，不是海里那种没手没脚的生物，而是传说中一种海里的瑞兽。看它的长相，马的特点还是挺足，没有獠牙了，下巴也光溜溜的没有胡子了，还真有点食草动物的样儿。它最大的特点在脚上，也就是那四个蹄子，确实是马的特点。不过我认为它身上多少应该有点鳞片啥的，才符合它海马的设定。

第五位天马，可以飞上天的吉兽。样子和前面那位差不多，马脸，有蹄子，最大不同是它有翅膀，在身体的两侧，足以说明它会飞的特点。

第六位，狎（音霞）鱼。

狎鱼也是一种海中的神兽，可以掌管江河。你看，这位明显是在水里混的，浑身上下全是鳞片，看着就威风，就差拿个三股钢叉了。它最大的特点是没有后腿，有个鱼尾巴。而前面的两只腿，不知是不是为了保持站姿特意为它加上的，想想这种生物，前面两只爪子，后面是鱼身子，好像也有点怪。

第七位，又是个狠角色，名叫狻猊（音酸泥）。

狻猊，就是古代传说中龙生九子中的一位少爷。传说狻猊喜欢烟火。所以形象一般在香炉上出现。

接下来的一种说法，表明这个狻猊还是大有来头的。原来在佛教中，狻猊是文殊菩萨的坐骑，也有人叫它金猊，或者青狮子。

还记得吗，《西游记》里有个假乌鸡国国王，就是个青狮子变的，祸害完乌鸡国，最终被文殊菩萨收走了。这位爷也真是耐不住寂寞，后来又跑到狮驼岭占山为王，和普贤菩萨的白象王还有"如来的亲娘舅"大鹏鸟做起了好朋友。吴承恩爷爷对这个小狮子还真慷慨，出场了两次都当boss，明明让领导收走了，一转头换个马甲又出来了，真是别人没有的待遇。也不知是老吴写书时酒喝多了没记清楚，还是真对这个小狮子情有独钟。

狻猊的外形和位列第三位的那位"狮"同学差不多了，不过，狻猊是没有螺髻的，而是漂亮的披肩发。其他的特点，比如爪子、胡须、身上的火焰纹什么的，依然如故。

下面再来说说这位狴犴（音谢至）。

从外形上看，狴犴和狮子差不多，不过，它的脚上也有蹄子，不

海马（故宫）

天马（故宫）

狎鱼（故宫）

狻猊（故宫）

獬豸（故宫）

知是不是食草动物。

獬豸是中国古代神话里的一种神兽，头上有一角，能辨是非。如果两个人因是非之事争执不下，獬豸就会出现，用独角顶倒狡辩之人，然后……当然，它不会吃人，它只是想告诉无理狡辩者：你可别胡说八道了，我在这儿瞅着呢。所以，喜欢当裁判的獬豸是中国传统文化中公平、公正的象征，也是中国古代司法的象征。

在中国古金文中，法律的"法"字是写作"灋"，和今天简化的法字相比，多了一个"廌"，而这个"廌"（音志），就是长着一只角的獬豸。獬豸因为善辨是非，自古就是"法"的化身，被当成司法官员廉明正直、执法公正的象征和标志。在春秋时期，司法官员的帽子都是按照它的样子做的，名叫"獬豸冠"；而官员的衣服也用它作为"补子"的图案，代表公正。

现在各地的法学院门口，还都有一个"獬豸"雕塑镇着呢。

獬豸一定是天秤座的。

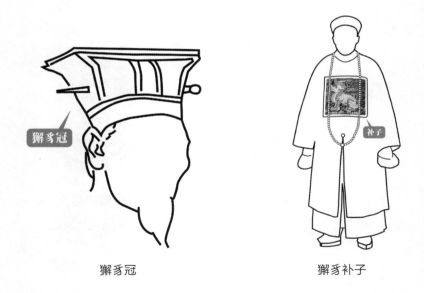

獬豸冠　　　　　　　　　　獬豸补子

第九位，斗牛。

我们常说"气冲斗牛"，斗牛是一个星宿的名字，在中国文化里是一种海中的神兽，所以这位也是浑身有鳞，牛头长角。这位的脚既不是爪子也不是马蹄子，而是分成两瓣的牛蹄子，不枉了名字里有个"牛"字。

再来说说排在最后一名的行什。

为什么叫行什？就因为排行老十呗（也不知谁起的名字，真叫一个凑合事儿）。行什的样子是不是有点眼熟？尖嘴，猴腮，鹰爪，背生羽翼，手握金刚杵，这不就是……雷震子嘛。仔细想想也在理，雷震子也是雷神的化身嘛，在以木材料为主的中国古代建筑上，确实是需要一个酷似雷神的保安队长来从事防火防雷的安保工作的。

斗牛（故宫）　　　　　　　行什（故宫）

不过，就算有雷神保护，太和殿也还是发生过很多次火灾，有战乱中被烧毁的，有真的遭了雷击起火的——看来雷神也有打盹的时候。

小兽们排队晒太阳，也是够闲的——难怪妈妈这么说我。

我们前面说过，站在一排小兽最前面的，是一个骑在一只大鸟上的人的形象。这个人，到底是谁呢？

3. 中国建筑的屋顶上，为什么会有一只鸡: 仙人骑鸡

在一排小兽的后面，还有一个大一点的兽头，名叫垂兽。垂兽将屋脊分成"兽前"与"兽后"两部分，兽前是骑凤仙人和一排小兽，兽后就是建筑的垂脊。

我们现在能看到的最早的中国建筑是唐代的，除了实物以外，唐代壁画里也描绘了很多唐代时的建筑。可在这些实物和壁画的建筑里，却并没有出现脊兽这个东西，顶多是个简单的"凸起"。

唐代之后，就是宋辽金的时代，这个时期的建筑上，开始出现了站立的人形和小动物。

宋代建筑屋顶上，占据头排沙发位置的，叫作"嫔伽（音频茄）"。宋代建筑营造的"教科书"《营造法式》中说："殿角至厅堂榭转角，上下用套兽、嫔伽、蹲兽、滴当火珠……"这说明在宋代，这个叫"嫔伽"的家伙就已经在殿阁厅堂等建筑上广泛使用了。

那么这家伙为什么会叫"嫔伽"这么奇怪的名字？老老实实地叫个"李小明""王二丫"什么的不好吗？真是不查不知道，原来这个"嫔伽"的来头实在太大，足以将后来的"仙人"秒成渣。

在佛教中，有一种神鸟，名叫"迦陵频伽"，是"kalavinka"的译音，又叫"妙音鸟"，上身是仙女，下身是鸟腿，据说"其声和雅，听者无厌"，这就是"嫔伽"的原型。佛教自汉末传入中国后，开始在唐代发展起来，到宋代进入了持续发展时期。佛教的发展影响到了社会的各个层面，人们这才把佛教中的妙音鸟形象弄到了屋顶上去。

宋代之后，明太祖朱元璋建立了明代。这位开国皇帝，他推崇道教中的"正一道"，用宗教作为自己巩固政权、维护社会稳定的工具。所以他大力发扬道教，供奉真武大帝，建造武当山道观，使道教在明代兴旺起来。

皇权的"意识形态"自然影响到社会的各个方面，于是，在屋顶上这个小小的角落，佛教的仙女悄悄变成了道教的仙人，再也没有变回去。

这个仙人是谁呢？民间流传着许多他的传说。相传在春秋时期，齐国攻打燕国，反而被燕国大将乐毅打败。齐国的国君齐缗王充分诠释了"不作死就不会死"这句话，挑完事儿就跑，乐毅则带兵在后面狂追。仓皇中齐缗王被追到一条大河岸边，前有河水拦路，后有燕军追赶，眼看就要走投无路，缴枪投降了。危急之中，齐缗王突然人品爆发，一只巨鸟飞到眼前，他急忙骑上大鸟，这才渡过大河，逢凶化吉。后来人们便将这一人一鸟放在建筑屋脊上，表示遇难时可以骑凤飞行，逢凶化吉。

骑凤仙人（故宫）

而在另一个传说中，这个人又成了姜子牙的小舅子，想利用姜子牙的关系往上爬。姜子牙看出小舅子的居心，但知道他才能有限，因此对他说："你已经是大 V 了，再往上爬就会摔下来，快拉倒吧。"

一个"逢凶化吉",一个"走投无路",两个版本的传说,代表了两种相反的处境。

说了这么多,那么这个仙人真的就只是在屋顶上望一望天吗?

中国建筑的每一个构件都有它的实用功能,基本没有只用来观赏的部分。这个仙人骑鸡内部,其实是藏着一个"小秘密"。这个小秘密叫作"瓦钉"。在屋顶的瓦作上,整个屋瓦是向下倾斜的,最前面的瓦片受到向下的推力最大,这就需要一个瓦钉来钉住这块瓦。而"瓦钉帽"的作用就是盖在瓦钉上,防止瓦钉因为风吹雨打而生锈。仙人和走兽的作用,其实就是盖在瓦钉上的瓦钉帽。经过一代一代的演变,最终赋予了很多文化上的意义。

这个"仙人骑鸡",或者叫"仙人骑凤",不仅是整个屋顶走兽系统的头牌,也是中国建筑上唯一的一个"人"。不管他是谁,也不管他是向上飞还是向下落,这个人都是中国建筑上的"观察者"。在中国千年文明中,他既看到了传承与保护,也看到了破坏与无知。但愿他多记住一些善意和美好,也但愿在无数黑暗与疯狂的岁月中,他眼前掠过的那些令人战栗的画面,永远不要重现。

4. 中国建筑的屋顶上,还有两个宝贝:螭吻还是鸱吻?

在中国古代神话传说中,龙生九子,各有不同。在这九子里,有一个叫螭(音吃)吻的,龙头鱼身,生性好张望。这就是在中国古建筑屋顶正脊两边的那两只大兽,也叫"吞脊兽"。

屋顶上小兽众多,又是龙,又是凤,还有各式各样身怀绝技的小怪物,有能喷水的,有能吐火的,都是业务骨干。俗话说:人多了打瞎乱,鸡多了不下蛋。这都在一个单位,互相之间难免会不服,但有了这两个巨大的龙头坐镇，谁还敢不听话？

这两个龙头，魏晋时期叫"鸱（音吃）尾"，唐宋时代叫"鸱吻"，明清时代叫"螭吻"。为什么会有这种名字上的演化呢？

据靠谱的史料记载，这两个家伙是从晋代开始出现的。隋朝著名的建筑师，工部尚书宇文恺就说过："自晋以前，未有鸱尾。"就是说鸱尾这种建筑上的装饰，是从晋朝以后才开始有的。传说有一种海中的鱼，能兴风浪，长着很像鸱的尾巴（"鸱"是一种鸟），所以古代的工匠就把它的尾巴放在屋顶上，想借助它的力量防火防雷。说白了，就是古代的一种不靠谱的"消防措施"。

反正真着火了，这条尾巴是挤不出一滴水的。

我们现在发现的最早的"鸱尾"，是在北魏的龙门石窟古阳洞的石刻屋顶上。到了唐代的中期，开始有了变化。唐代是一个开明奔放的时代，对外来文化也是来者不拒。这时候的鸱尾，开始有了兽头吞脊的造型，于是名字也从鸱尾变成了"鸱吻"。著名的唐代建筑，山西五台山佛光寺东大殿鸱吻，就是这种龙头形的吻。

那为什么在唐代会从"尾"变成"吻"呢？这种龙头的造型是从哪来的呢？

鸱吻（五台山）

鸱吻（独乐寺）

在唐代，由于政策的开明，从印度传过来的宗教"佛教"已经非常兴盛了。佛教文化中有一种鱼，叫作"摩羯鱼"，传说是龙首鱼身，能兴风作浪，是水神的坐骑。看，又逮着个会水的，于是人们也把它放在了屋顶上。这回不光是个尾巴了，有了脑袋有了嘴，可以喷喷水什么的。

于是这个重量级的消防员就上岗了。

到了宋辽时期，鸱吻的做法延续了唐代的造型，但不像唐代的那么霸气，由满脸横肉的糙汉变成了苗条的秀才。宋徽宗赵佶所作《瑞鹤图》，画的是都城开封汴梁宣德门上，祥云笼罩，鹤群翱翔的景象。宋徽宗把这城门楼上的鸱吻画得非常清楚。这一对鸱吻，背上还出现了一个像刷子一样的东西，叫作"抢铁"。这个东西就是后来明清螭吻上剑把的来源，一开始是防止鸟雀落在鸱吻上的赶鸟工具，作用类似如今在墙头上插的玻璃碎片。

元代是个少数民族统治中原的时代，统治者还没有那么多"皇权"的意识，这个时期的文化主要延续了唐宋时期的风格，算是个承上启下的过渡时期。元代的永乐宫三清殿鸱吻，出现了"背兽"，到了明

（北宋）赵佶《瑞鹤图》局部　　　　　　《瑞鹤图》宣德门鸱吻

清时代就成了鸱吻上的标配。

　　明清时期的建筑基本是差不多的，由于众位皇帝们过于自恋，所以把皇宫里弄得到处都是龙，甭管是在石头上趴着还是在墙上挂着，反正只要有点儿地方一准让龙给填满了。

　　屋顶上也不例外。

　　由于屋顶上这俩家伙变成了龙，所以名字也就跟着改了，叫作"螭吻"——这个"螭"就是一种没有角的龙。我们在故宫里看到的这种螭吻，就是"鸱吻"进化的最终阶段。那么问题来了，螭吻的背上，为什么要插把剑呢？

　　这把剑可来头不小，传说这是东晋道教中赫赫有名的人物，"神功妙济真君"许逊的剑。许逊年青时曾任蜀郡旌阳县令，所以又称旌阳先生。他做官时也是居官清廉，为百姓兴利除害，在当地有很高的声望。后来弃官东归故里，在新建县西山修身炼丹，成仙得道。据说他做官时，有一条蛟龙经常兴风作浪、为害四方，许逊便用神剑将蛟龙钉死，从此风调雨顺，五谷丰登。螭吻背上这个莲花形的剑柄，就来源于此。

　　就这样，这一对最开始只有尾巴没有头的小怪物，经历了"鸱尾"—"鸱吻"—"螭吻"的演变，最终变成了屋顶上的龙头大哥，始终占据着整座建筑的制高点，统领着"脊兽""戗兽""套兽"等一众小弟。

深藏功与名。

5. 屋顶上的那条鱼：悬鱼与惹草

在中国古代建筑的屋顶上，有一条"鱼"。

对于我这种喜欢鱼的吃货来说，这条"鱼"虽然不能吃，但聊一聊也是好的。

我们讲过中国古代建筑的屋顶，分很多种形式。什么庑殿顶啊、歇山顶啊、悬山顶啊一大堆。在歇山顶或悬山顶的山墙一侧，一般都有两条为屋檩遮风避雨的博风板。在两条博风板的正中，有一个鱼形或云形的东西挂在正脊之下，这个东西叫作"悬鱼"，也叫"垂鱼"。当然，如果真的在屋檐下挂上几条鱼晒成鱼干儿，那自然是极好的，最起码晚上的下酒菜是有了。

那么为什么要在屋檐下用木头雕刻出这么一条鱼呢？如果你是在旅游景点向导游提出这个问题，导游一定会给你讲下面这个故事：

相传东汉时期，有位南阳太守名叫羊续。这位太守为官清廉，从不受人贿赂。有一次，他属下的一位官员想给他送礼，就送了一筐鱼给他。要说这可不是普通的鱼，是当地有名的特产白河鲤鱼，虽然不知道吃了能不能长生不老，可也非常难得。羊续太守百般推辞不掉，既然暂时收下，就想了个奇葩办法：将这些鱼挂在屋檐下。小样儿的，治不了你，老子为官清廉，为你几条臭鱼落个受贿的罪名太不值了。当这个官员又来给他送礼时，他就指着院里挂着的鱼说：又来送礼？上次你送我的鱼还在这挂着呢，来来，把你的鱼干儿拿回去吧。

看见没，你要还送就一起挂着，挂臭了把我熏个好歹这就叫工伤，反正我要做个好人。

做官的要是不清廉，跟房上挂着的咸鱼有什么分别。

后来，人们根据"羊续悬鱼"的典故，形成了在屋顶上装饰悬鱼的传统，羊续也因此被人们称为"悬鱼太守"。虽然《后汉书·羊续传》中记载了这个故事，但终归是属于野史，如果细细探究，建筑上的悬鱼也许和这位羊续太守并没有多少关系。

在建筑史上，这条挂在屋顶上的"悬鱼"（不是咸鱼）最早是出现在唐代建筑上。它的作用是为了遮挡和保护屋顶内部的脊檩不受风吹雨打。当然，那时可不是鱼的形状，而是用云纹组成的图案。

悬鱼（独乐寺）

唐代李思训的《江帆楼阁图》，虽然现在不能确定是不是李思训画的，也有可能是后人临摹的，但画中的内容却能表现出唐代建筑的风貌，也能清晰地看出屋顶上云纹状的悬鱼。

再看看五代卫贤的《闸口盘车图》，画的是河道闸口旁水磨作坊工人劳作的景象，磨坊屋顶上也有个很大的云纹悬鱼。

（唐）李思训《江帆楼阁图》中的悬鱼

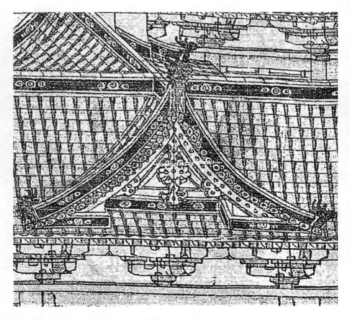

（五代）卫贤《闸口盘车图》中的悬鱼

到了宋代，《营造法式》的出现，为悬鱼和惹草（也是遮挡屋檐的构件）规定了形制，从此终于有法可依了。《清明上河图》中的民居，比较有钱的人家或店铺，用的是悬山屋顶，所用的悬鱼和惹草，基本是和《营造法式》中规定的一样了。

《清明上河图》民居上的悬鱼

到了南宋，悬鱼延续了《营造法式》中规定的样式。宋代以后，悬鱼的样子越来越多，终于出现了鱼的形状。

从唐宋时期的"云纹"悬鱼，到后来逐渐演变成真的鱼形，包括在装饰中经常用到的石榴、葫芦等植物，无不体现出人们最美好的一种愿望——中国古人对鱼的喜爱来自于鱼对"多子多福"这件事的象征意义，还有建筑防火措施上对"水"的需要。所以在受到官式做法影响很少的南方地区，人们越来越多地使用鱼作为建筑上的装饰图案。

好了，说了这么多，我们来简单总结一下悬鱼的三层意义：首先，源于它对木结构的保护和遮挡，这是它的实用意义；其次，它是一种特殊的装饰构件，这是对建筑起美观作用的装饰意义；第三，悬鱼已经成为了人们寓意吉祥、祈福的一种文化符号，这也是中国文化中最重要的人文意义。

其实这也是中国古代建筑上大多数装饰构件的发展轨迹。

6. 中国建筑的身段：斗拱

对于古典建筑来说，装饰部分至关重要。而建筑立面上占相当大比重的柱子，尤其是柱头，就成为了建筑上非常重要的装饰元素。

在古代西方，古埃及和古罗马的古典建筑上，演变出五种柱头形式对建筑进行装饰。有人就奇怪了，这么注重装饰的中国古代建筑，为什么柱子上连柱头都没有？其实，并不是我们没有柱头，而是我们太看重柱头了，以至于把柱头的部分发展成了一种单独的结构，那就是斗拱。

斗拱，造就了中国建筑的灵活身段，也是其中最复杂的一种结构部件。梁思成先生说，斗拱之于中国建筑，"犹 order（柱式）之于希腊罗马建筑；斗拱之变化，谓为中国建筑制度之变化，亦未尝不可，犹 order（柱式）之影响欧洲建筑，至为重大。"

虽然位置是在檐下最明显的部分，可由于它身材娇小，还是很容易被忽略。上有屋顶和屋檐，下有额枋和柱子，斗拱处在一个承上启下的位置。它不像屋顶那么绚丽招摇，也没有柱子那么稳固结实。它有的，只是榫卯咬合后的灵活身段，随时调整着整座建筑的倾斜与摇摆，使坚固的建筑有了柔韧和风度。

斗拱的前身叫作"栌栾"，"栌"就是柱头，在古代也叫"㮔"（音而）和"㮤"（音杰），其实就是一种斗状的柱头。在早期，柱顶上的"栌"，不只用于柱子的顶端，也用于梁下的其他部分，并不是柱子的专属构件，因此也就不被看作一种"柱头"，而成了一种独立的构件。在"栌"之上，又有横木或冠板，称为"枅"（音机），发展到后来，这种"枅"越来越弯，变成了向上弯曲的"曲枅"，名字也改成了"栾"，合起来就叫"栾栌"。这就是斗拱的雏形。

在中国建筑发展的原始阶段，建筑上的柱子就是直接用树干来做的，而树干上部的分叉部分，便形成了天然的柱头，正好在分叉的地方能支撑横向的屋梁。到了建筑发展的成熟阶段，有了正式的柱和梁，于是连接圆形的柱和方形的梁的交界地方，需要有比较大的承载面积，因而就出现"柱头"这种过渡形的构件。

最早的柱头是一个斗形，上大下小，用来连接面积较大的梁架系统和面积较小的柱子端头。后来，由于柱头部分越变越复杂，反而脱离了柱子，最终形成了独立的构件——斗拱。

简单地说，一个弓形的长条木，两端加上方形的木块，就组成了一个斗拱的基本单位。而建筑上的这一坨斗拱的单位量词叫作"朵"，像云朵一样飘浮在屋檐下，浪漫不？

清式斗拱（故宫）

我们现在所说的古建筑上的各种专业构件名称，基本上是以北宋年间官方颁布的《营造法式》为准。《营造法式》是北宋的李诫在两浙工匠喻皓的《木经》的基础上编成的。斗拱，《营造法式》上称为"铺作"，又分为柱头铺作、转角铺作和补间铺作（两柱之间的斗拱）。

怎么区分古建筑的修建年代？如果不告诉你一个建筑的修建年代，你能依靠它的特点判断出来吗？放心，一点也不难，现在就告诉你一个基本规律。

一般来说，判断一个古建筑的年代，主要看三方面：屋顶、梁架、斗拱。这里我们只说斗拱。历代中国建筑在斗拱上的变化是这样的：年代越久远的建筑，斗拱越大，用料越厚重，补间铺作越少（一般是一朵或两朵）；年代越接近现代的建筑，比如明清时期，斗拱越小，而且补间铺作增多（一般四到八攒，清代不叫朵了，叫攒。看吧，不如宋代浪漫），甚至斗拱只被当成了一种装饰，而失去了结构上的功能。

补间铺作（独乐寺）

有人说，中国建筑史就是一部偷工减料的历史，越接近现代，建筑上的很多结构优势和做法越少。唐宋建筑经常使用的生起、侧脚、月梁等做法，后世越来越少见。建筑上的"生起"指的是两边的柱子高度逐渐升高，"侧脚"指建筑外檐柱子的上端略向内侧倾斜。这两种作法都是为了形成视觉上的扩张感，在结构上起到稳定和加固的作用，不过在后来的建筑中越来越少，逐渐看不到了。

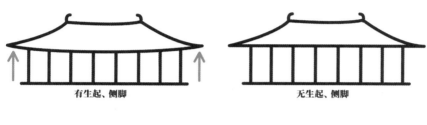

有生起、侧脚　　　　无生起、侧脚

生起和侧脚

月梁

月梁

梁思成先生将中国建筑史分成了三个时期：唐辽豪劲、宋金醇和、明清羁直。唐、五代和辽时期的建筑风格豪迈壮阔，是中国建筑发展最高潮的时期；到了宋代和金的时期，继承和保持了唐辽时期的风格，并相对缓和；而到了明清，中央集权的政治需要使建筑风格变得相对僵硬和浮夸。

唐宋建筑确实比明清建筑更好玩儿。

唐宋时期的建筑，斗拱层在整座建筑上占的比例较大，高度接近柱子的1/3。这么硕大的斗拱，多出点力气也是应该的，它举起沉重的屋檐，向外伸展，使建筑的出檐非常深远，一般都能伸出三四米的屋檐，是不是很帅？而到了明清时期，皇权变大了，斗拱却变小了，屋檐也相应地缩短，斗拱在屋檐下密密麻麻排成一排，再画上蓝绿色的彩画，就像学会了变色龙的绝技，想看见都费劲。

在斗拱上层，还有一个或两个尖尖的东西，这又是什么呢？

这个尖尖的东西叫作"昂"，是在斗拱之上的一种斜置的构件。昂的外侧挑起檐檩，内侧压在梁下，利用杠杆原理将屋檐挑起。其实，"昂"才是托起屋檐真正的"手"，正因为有了昂的"挺身而出"，才有了建筑上出挑的飞檐。

昂

斗拱，既要承受着屋檐和梁的重量，又要承接着柱子的结构，还要利用自己柔韧的特点，调整着建筑上任何微小的摆动与偏移。忽然觉得像极了我们这一代人，上有老爹老娘老板房贷和又该加油的车，下有大手大脚的媳妇儿欠修理的熊孩子和喜欢把卫生纸咬烂的缺德狗。要想让这间屋子不漏雨，只能用不太柔韧的老腰，撑着这根还算结实的大梁。

要老命了……

扯远了，下面我们看看斗拱各个部分是怎么计算叠加的，下次再看到哪个古建筑，你也能让别人带着崇拜的眼神儿听你忽悠。

在宋《营造法式》中规定，斗拱中每一层称为"一铺作"，每跳

清式斗栱、彩画（故宫）

出一层华拱称为"一杪（音秒）"。斗栱的计量单位是这样的：几铺作几杪几下昂。也就是说，称呼一朵斗栱，专业的说法就是："这是一个几铺作几杪几下昂的斗栱。"《营造法式》称："出一跳谓之四铺作，出两跳谓之五铺作，出三跳谓之六铺作，出四跳谓之七铺作，出五跳谓之八铺作。"这段话表明，铺作数＝杪数＋昂数＋3，这个"3"的意思是栌斗＋耍头＋衬枋头，这是每朵铺作上必须有的三层。

好了，知道你们跟我一样数学不好，就不跟你们做算数题了。

宋代建筑斗栱的跳头上有的还会施加横栱，也有不加横栱的。这种做法也是有名字的，加横拱的叫作"计心造"，没加横拱的叫作"偷心造"。计算谁的心？又偷走谁的心？这么浪漫的名字也只有《营造法式》里才有。

斗栱这个高深莫测的构件，使中国古代建筑具有了一种"凝结了大智慧"的感觉，让大多数人特别是西方人"不明觉厉"，从而对中国文化产生更多的期待和向往。也因为斗栱这种精妙的结构和构造，不管从技术还是艺术的角度，都代表了中国古代建筑的精神和意义。

不得不说，这真是一个最好的代言人。

说了这么多，下次在古建筑上看到斗拱这东西，是不是觉得没那么神秘了？

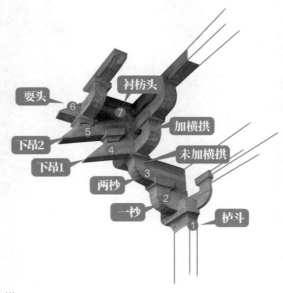

斗拱

7. 瓦上有乾坤：瓦当

站在整个队伍的最前排，是什么感受？

我是从来没有尝过这种感受的，因为从小就个儿高，不管是做操还是跑步，一直牢牢占据着班里最后几名的位置。以致到学期末，老师对我这个学生都没印象。如果把中国建筑屋顶上整齐的瓦看成一排队伍的话，那么站在整个队伍最前排的就是一个圆圆的小个子——瓦当。不管是什么级别的屋顶，也不管是硬山、悬山，还是庑殿顶或歇山顶，都缺少不了这个站在头排的家伙。

当你在各地的宫殿、大院、庙宇间行走的时候，在屋檐的最前端，圆形的瓦当和菱角形的滴水整整齐齐地排列着，努力地往前探着身，向你展示自己的存在。它们身上刻有美丽的图案，光鲜亮丽，就像当你站在社会的前排，在众目睽睽之下接受审视和围观时，不论你身心俱疲还是清心寡欲，都不得不把最好的一面摆在最前面，欲退不能。

当人们掌握了制陶技术，瓦就逐渐被发明出来，而瓦当作为保护檐头的重要构件，从西周时期开始发展，直到秦逐渐成熟，至西汉时发展到了鼎盛时期。

为什么瓦当是圆形的呢？因为瓦当是根据瓦的形状而产生的。瓦的形状一般分为两种：弧形的板瓦和半圆形的筒瓦。屋顶盖瓦时，一片板瓦仰面向上，一片筒瓦向下，这样相互搭扣，组成密不透风的屋面瓦顶，所以形成了圆形的瓦当和菱角形的滴水。

瓦当与滴水（故宫）

瓦当排布示意

筒瓦与板瓦

　　雕梁画栋、巧夺天工是中国古建筑的特点，几乎在建筑的每一个地方都可以精雕细刻，瓦当和滴水也是用来展示能工巧匠技艺的地方。尤其在秦汉时期，瓦当图案的题材已经相当丰富。各种兽纹、鸟纹、植物纹应有尽有。瓦当在西汉时期发展最盛，大致可分为两种：只有图案的称作"画当"，只有文字的称作"字当"。

　　西汉时期最著名的画当称作四神瓦当。青龙、白虎、朱雀、玄武是中国文化中祛邪避灾的神兽。看，又是一个吉祥物军团！知道福娃为什么是五个了吧，再想想脊兽和龙生九子，中国人的吉祥物历来的传统就是拉帮结伙的。四神代表天上东、西、南、北四个星宿，也就是代表四个方位。在战国时期，行军布阵就有"前朱雀后玄武，左青龙右白虎"的说法。当然，如果你看见身上文着"左青龙右白虎"的人，最好还是绕道走。

　　其实，这四神瓦当是西汉末期著名的礼制建筑"王莽九庙"的专有瓦当。王莽篡汉后建立新朝政权，拆了建章宫和其他宫殿，用拆下来的砖瓦盖他的王莽九庙。不过，最后这位号称节约建材的小能手，最终也没能逃脱农民起义军的利刃。

中国的建筑艺术在秦汉时期就已经达到了顶峰，"秦砖汉瓦"就是形容这一时期的辉煌。在出土的汉代瓦当中，"长乐未央"是比较常见的文字瓦当。这两个词寄托了人们想要长久的欢乐，永远不结束的美好愿望。"长乐未央"还有一层意思就是指汉朝的长乐宫、未央宫，加上建章宫合称汉代"三宫"，代表了汉族建筑艺术发展的鼎盛时期，其华美绝伦不可想象。

长乐宫是汉武帝在秦朝兴乐宫的基础上兴建而成。不管是长乐还是兴乐，"乐"的意思都应是与民同乐，而不应是皇帝自己的享乐。所以历史上那些只顾自己享乐的君主们，下场一定不会太好。不过，我更愿意把"未央"解释成另一个意思：未到中央。任何事物，如果中间是高峰期的话，那么过了中间就是走下坡路了。一路向上，还未到中央，那是多么愉快的体验。"未央"这个词出自《诗经·小雅·庭燎》："夜如何其？夜未央，庭燎之光。君子至止，鸾声将将。"（周宣王问侍从：现在是夜里什么时候了？侍从答道：还是半夜呢，天还没亮。这时上早朝的大臣们已经来了，銮铃声叮当作响。）一个君王，天还不亮就急着上朝，比大臣还着急，这种敬业精神也算是君王之中的楷模了。

西汉时期的"千秋万岁"瓦当，出土于陕西汉京仓遗址，也是很有特点的一款瓦当。它的字体排列为十字布局，"千"字一横弯曲，下面几点使之成为一飞鸟而又不失字形。"秋"字的禾木旁也有鸟头装饰，瓦心更是一只完整的鸟形，这个字体称作"鸟虫篆"。还有一种"维天降灵"瓦当做于西汉中期，有字十二："维天降灵，延元万年，天下康宁。"字体为篆书，是现在已知字数最多的瓦当。封建王朝的统治哲学是皇帝受命于天，只要悉听天命，就能坐稳皇朝。所谓普天之下，莫非

"千秋万岁"瓦当

王土，率土之滨，莫非王臣。统治者也希望把皇权"延元万年"世代沿袭，从而达到"天下康宁"、国运亨通的愿望。

瓦当艺术兴起于秦，兴盛于汉，方寸之间凝结了中华文化几千年的智慧与文明，每一个瓦当都有一个精彩的故事。当你走在历朝历代的古建筑中时，别忘了注视一下这些见证了无数历史更迭的小家伙。

8. 穿越时空的精灵：清式彩画

我们常说中国的古建筑上雕梁画栋，所谓的画栋，大概就是指建筑上的彩画了吧。不管是皇家的宫殿、楼阁、庙宇，还是供人游玩的亭台、长廊、牌坊，处处都是描龙画凤，各种纹饰、线条是不是让人眼花缭乱，瞬间晕菜？

在中国传统的木构建筑中，木料很怕空气中潮气的侵蚀，于是古人开始在木料上涂刷油漆，以保护木料。开始只是单色，大概后来就越画越嗨了，于是各种纹饰、图案统统被整了上去，几乎覆盖了建筑的每一寸地方，并最终形成了一定的制式和规范。初看彩画是乱七八糟的一片，各种花纹、线条集合成一片，其实在布局上是有明确划分的。清式彩画的主要结构分为枋心、藻头和箍头几个部分。

在皇权思想浓重的明清时期，彩画和其他建筑构件一样，也有等级的差别。主要分为和玺彩画、旋子彩画、苏式彩画三大类。

和玺彩画是专门给皇上他们家用的彩画。给皇上用的就离不开龙了，所以这种彩画的主要特点就是，在枋心、藻头、箍头、盒子等几个部分都是用龙来作纹饰，"龙不怕多，来者不惧"也。而不同位置的龙也都有不同的形态。

明清宫殿的额枋一般由上下两道枋和中间的垫板组成。在枋心、藻头、箍头上全用龙纹的，叫作金龙和玺，在和玺彩画里也算最高等级了，故宫的太和殿、乾清宫都是这种彩画；在两道枋上龙凤交替使用的，称作龙凤和玺，常用在有皇后进出的宫殿，比如故宫的交泰殿；在两道枋上用龙和植物花草纹交替使用的，称作龙草和玺，用在次要的殿堂梁枋上。

和玺彩画（故宫）

仅次于和玺彩画级别的叫作旋子彩画。虽然等级次一级，但使用范围比较广泛，出现的时间也比和玺彩画要早。旋子彩画与和玺彩画的不同之处，就在于藻头部分不画龙纹而用旋子花纹。花纹由一层层的花瓣和中间的花心组成，根据花瓣的不同形态又分为勾丝咬、喜相逢等不同类型。

旋子彩画的使用范围很广，宫殿、楼阁、牌坊、亭子都可以看到这种彩画，而且旋子彩画的类别比较多，根据枋心图案的不同可以有多种组合方式，充分满足按封建礼制区分建筑等级的要求。

苏式彩画在明代永乐年间从南方传到北方，主要用在园林中的亭、台、廊、榭或垂花门的额枋上。苏式彩画的特点非常明显，一般在额枋的正中间都会覆盖一个大大的半圆形或椭圆形，称为"包袱"。

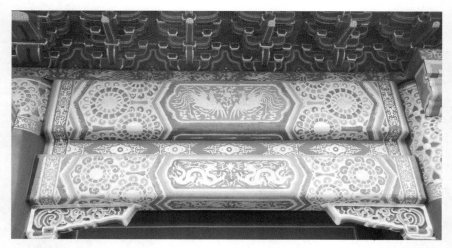

旋子彩画（故宫）

这是苏式彩画与其他类型形画最大的不同。包袱心的内容一般不画龙凤这种皇家图腾，多数为山水、人物、鸟兽、植物等图案。包袱的轮廓由连续的曲线组成，每隔一段距离还有云朵形状的装饰，一般带有五层退晕，称作"烟云"。外圈称作"烟云托"。从艺术价值上来说，苏式彩画的内容可比那些龙啊凤啊有意思得多了，真可以说是等级不高人气高。

苏式彩画

不知你是否到过北京的颐和园，在颐和园里有一条长廊，全长728米，有彩画14 000多幅，是世界上苏式彩画最集中的地方。在这条长廊上，最精彩的莫过于画在"包袱"里的一幅幅人物故事画了。从四大名著到民间故事，从《白蛇传》到《二十四孝》，琳琅满目，应有尽有。

这几百幅故事彩画将中国历史串了起来，从长廊里走一遍，保证涨知识外加治颈椎。

9. 真正的"如翚斯飞"：雀替

虽然雀替这种构件成熟得较晚，但它的雏形可以上溯到北魏。最初只是建筑转角结构上的一块不起眼的"替木"。

在宋代《营造法式》中，雀替还没有成为重要的构件，只是说到"阑额"时提到了它："檐额下绰幕方，广减檐额三分之一，出柱，

阑额（独乐寺）

长至补间，相对作楷头或三瓣头。"这说明至少到宋代，这种构件还只是一种托起阑额的横木，没有什么装饰作用，也不被人重视。

这里提到的"绰幕方"，就是雀替的前身。"绰"字，到了清代就被传为"雀"字，"替"就是"替木"的意思。也就是在明代之后，"雀替"这种后来大放异彩的构件，才正式走上历史舞台。

自从斗拱脱离了柱头单飞之后，中国建筑的檐柱部分急需一种能替代柱头的装饰部件。没有了"柱头"部分的柱子，像摘去了帽子一般，仿佛感受到了吹向头顶的一丝凉意。在建筑发展的早期，斗拱似乎并不急于放飞自我，因而还是比较保守地只用于"柱头铺作"，也就是只在柱头部分施加斗拱。

唐代建筑上，两柱之间并没有斗拱，而是用一种"人字拱"支撑；宋代也只是用了一朵斗拱，也就是斗拱仍然主要作为一种柱头装饰，似乎是给了柱子一些面子。不过到了清代，斗拱大概觉得世界很大也想去看看，因而在柱间越放越密，竟形成了一条"檐口线"，完全不顾及柱头的位置。

自从斗拱脱离开柱头独立发展之后，柱头上支撑阑额的那块不被人注意的拱形横木，悄悄起了变化。在横向的梁和竖向的柱组成的夹角中，这块横木的作用越来越大。有了这块横木，一是可以防止梁与柱相交而成的方形框发生变形，二是可以对抗水平构件产生的剪力。柱子两旁像一对翅膀一样伸出的雀替，天生有一副当网红的好底子，以结构上的需要，使自己成为继斗拱之后，替代柱头的又一个明星构件。

在日益烦琐的明清建筑装饰部分，不得不说雀替是一项极为重要的成就。

由于斗拱大多数情况下是藏于檐下，不易分辨，而雀替却是大大方方地露于柱子两边，很好地解决了柱头部分的装饰问题。在注重装饰的明清建筑上，雀替的形状也由早期的简单的横木，发展出了越来越多的曲形变体，使柱间形成的框格形状变得柔和，增加了建筑上的空间层次。

自从雀替参与了建筑上的进化与发展，就开始了由简到繁的不断演变，甚至超过了斗拱的演变程度，最终雀替发展成了七大类，即：大雀替、龙门雀替、雀替、小雀替、通雀替、骑马雀替和花牙子。再加上由花牙子演变而来的用于室内装饰的"罩"，这个繁复庞大的雀替家族，简直成为中国古代建筑上的装饰半边天。

常见的清代建筑上的雀替，就叫"雀替"。"大雀替"是用大块整木制成，直接坐到柱头之上；"小雀替"体型较小，主要用于室内；"通雀替"是柱子两侧的雀替为一个整体，穿过柱身而形成；"骑马雀替"在距离较近的梁柱间使用，也就是因距离过近，相邻的两个雀替连接了起来；"龙门雀替"专用于牌楼上，造型格外华丽，并附有云墩、梓（音子）框、三福云等独有的造型；"花牙子"又称挂落，纯粹起装饰作用，常被用于园林建筑的梁枋下。

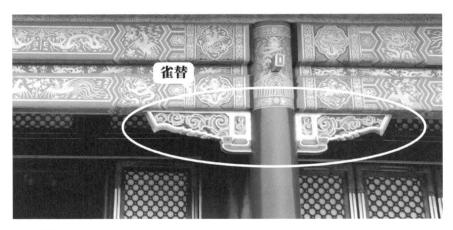

雀替（故宫）

讲到这里，要提一下中国建筑和西方建筑在柱头部分的不同演变。

西方古典建筑的柱式形式多变，多立克、爱奥尼、科林斯、塔司干等柱式都有自己独特的柱头样式，但发展到最后，柱头部分并没有发生过"质"的变化。而中国建筑的柱头，经过演变，发展出了"斗拱"和"雀替"这两种独立的构件。早期的雀替仍然带有柱头，雀替也是比较狭长的形状。直到柱头消失后，雀替的形状才更加宽厚。

在雀替的七种类型中，有一种类型，可以明显看出来它与"柱头"的传承关系，那就是"大雀替"。

这种"大雀替"，并不只是因为体积大而命名，当然，它也是够大的。更重要的是，它并不像其他种类的雀替那样插在柱子两边，像两个翅膀，而是用一整块木头制成，直接坐在柱子顶端，承载梁枋的重量，其实更像一种横向发展的柱头。由于"大雀替"需要比较大的承重力，因而尺寸也比一般雀替要大。清代规定，官式建筑的雀替长度为房间面阔的 1/4，而大雀替的总长度，甚至可以达到建筑面阔的1/2。这种"大雀替"，更多的是用在清代喇嘛庙的大殿上。

在雀替的大家族里，还有一种专门用在牌坊上的雀替，叫作"龙门雀替"。这是一种比较特殊的雀替形式，特殊在哪儿呢，主要是在它上面，加了很多装饰性的附属构件，比如"云墩""梓框""麻叶头""三福云"等。加一些装饰构件本来也没什么稀奇，毕竟雀替本来就是个装饰大户，但有一个构件的出现，让这种"龙门雀替"变得与众不同，是什么构件呢？

这个构件叫"三福云"或"麻叶头"。为什么说它不一样呢，因为雀替以及上面的构件，一般都是横向和竖向发展的，唯独这个三福云，是向里插到龙门雀替里的。换句话说，也就是在 X 轴和 Y 轴的基础上，又加入了 Z 轴。这让雀替在空间上一下子从二维变成了三维，增加了纵向的欣赏角度。

"雀替"这种构件，最早起源于北魏，到明清才逐渐发展起来，成为中国建筑上重要的装饰部分。当然，中国建筑上，只有装饰作用、没有实际意义的构件并不多见。即便是屋檐上装饰意义这么强的脊兽，也是有实际作用的（脊兽实际上就是瓦钉帽演变而成的）。而雀替里的一种"花牙子"，或叫"挂落"，则基本是只有装饰意义而没有实际功能的。

花牙子比普通的雀替要纤细、精致很多，由细小的棍条拼成图案，或雕饰卷草等纹样，还有很多做出镂空纹饰，悬挂在梁枋之下，一般上面还装有一种叫"倒挂楣子"的构件。这两种构件都是主要起装饰作用的，并不具有什么结构上的意义。

总结一下，除去装饰作用，雀替的结构作用，是为了对抗水平构件产生的剪力，增强同一净跨所承受的重量，从而起到防止梁与柱形成的方形框格变形的作用。简单点儿来说，就是为了加强柱子之间的梁的承载力。

柱之间加上雀替这种联结物（包括牛腿、驼峰、角背等具有同样作用的构件），最大作用是可以"缩短净跨"，也就是相当于减少柱与柱之间的距离，加强建筑的稳固性。可以说，这也是中国建筑上很多构件的作用和职能，包括斗拱。不过在建筑发展的后期，装饰作用几乎已经成了雀替这类构件存在的全部意义。

虽然它们各自有不同的功能和性质，但总体来说都是为了"转角加固"这个一致的目标而存在。虽然在发展过程中也形成了一些只有装饰功能无结构功能的变体，但总体来说还是起到了很大的结构作用，形式上也是在结构发展中逐步形成了现在的样子。

芝加哥学派的现代主义建筑大师路易斯·沙利文有一句名言："形式追随功能。"我想，这句话也很准确地描述了中国建筑在上千年发展中形成的"结构为大"的理念吧。

10. 一道门的视觉盛宴：门

《路史》记载："昔在上世，人固多难。有圣人者，教之巢居，冬则营窟，夏则居巢。未有火化，搏兽而食，凿井而饮。捈茹秸以为蓐，以辟其难。而人说之，使王天下，号曰有巢氏。"

如果你生活在距今几十万年前的旧石器时代，那你的偶像一定是

"有巢氏"。在那个不用买房，也不用总想着"七十年产权"的时代，他教给你和你部落的族人用木头和土石建造房子，捕猎野兽作为食物，开凿水井作为饮用水，用植物的秸秆作为垫子坐卧。

忙得不亦乐乎。

在"有巢氏"发明"巢居"之前，人们是住在洞穴里的，而"洞口"对一个穴居人来说是必然存在的，并不会将这个洞口理解成"门"。而"有巢氏"教会了人们用木和石块盖房子，当人们学会了用横梁顶起立柱的时候，"门"的概念就形成了。

在唐代建筑上，格扇门就已经作为常用的门型被使用。格扇门由上下两部分组成：上面的部分称为格心，用纸或绸绢糊在木棂条组成的网格上，可以透光；下面的部分称为裙板。在格心和裙板的上部或下部会根据格扇门的高度增加一道或几道绦环板。

格扇门最有装饰特点的地方，就是位于视觉中心的"格心"了。格心一般用木棂条组成格网，这种格网逐渐演变成极具装饰风格的几何图形。唐代建筑普遍使用直棂窗，著名的建筑画，唐代李思训的《江帆楼阁图》，建筑门上就是直棂样式；而北宋郭忠恕的《雪霁江行图》，船上的屋门格扇已经不是单一的直棂样式，而是有了方格、棱花的样式，门的裙板部分，也雕刻着如意云头图案。北宋张择端的《清明上河图》中，在衙署建筑和寺庙建筑上还出现了带有门钉的木板门。

《说文解字》里说："（门）闻也，从二户，象形。"也就是说，一扇为户，是屋门的门，屋门一般都是用一扇的；而两扇的门，是宅门的门，宅门一般都是两扇。

说到"门"和"户"，不得不提一个成语"门当户对"。经常在一些文艺类媒体上看到诸如"古建筑上的门当户对，你知道吗"这样的文章，信誓旦旦地向人们介绍古建筑上的"门当"和"户对"。其实我想说：中国古建筑上从来没有"门当"和"户对"这个说法。这些文章里提到的"门当"，就是位于宅门的入口处，两个鼓形或方形的石块，鼓形的叫"抱鼓石"，方形的叫"门枕石"。这个抱鼓石和门枕石的起源，最早可以追溯到汉代。

格扇门横向的边框称为抹头，根据门的高低和复杂程度，抹头可分为二抹、三抹、四抹、五抹与六抹。越是高级的建筑抹头越多。

格扇门（故宫）

抱鼓石（天津石家大院）

说到这里，不得不说一下门的结构了。来，做个想象力游戏，跟我一步一步地做个门出来。

第一步：在要做门的地方立两根框柱。

第二步：两根框柱之间的最上方，横一根水平木，叫作"上槛"，与框柱构成一个矩形框架。

第三步：在"上槛"的内侧，再横一根略长一点的横木，叫作"连楹"。上槛与连楹之间用两个或四个木栓像钉子一样穿过。连楹两边留有孔槽。

第四步：两边立柱的下边各立一块石材，这个石材就叫作"门挡石"，也就是门枕石。石上边各凿一个孔槽，称作"海窝"。

第五步：（快了快了）将大石的上轴插进连楹的孔槽内，下轴插进海窝。

大功告成。

随着宅门的扩大，显露于门槛外的部分（门枕石的头部）越做越高，有的被打磨成圆鼓状，并雕刻出各种装饰，这就是所谓的抱鼓石，其实就是门枕石经过雕饰包装后的产物。

好，"门当"我们清楚了，那"户对"是什么呢？

还记得那个将"上槛"与"连楹"穿起来的木栓吗？对，就是它。这个木栓的作用就像妇女头上的簪子，所以就叫"门簪"。留在大门外的一段，扣上了圆形或六角形的帽子，成为了一种装饰。

这抱鼓石和门簪，就是导游口中的"门当"和"户对"（有的还说反了）。其实中国的古建筑中是没有这种说法的，这只不过是现代人对"门当户对"这种美好婚姻愿望的一种附会罢了。

门簪（独乐寺山门）

建造完了大门，我们再来分一分门的等级。门还有等级？是的，在封建社会，一个人的官位和品级，时刻都会反映在衣、食、住、行的各个方面，藏都没法藏。

下面我们就按门的等级排一排。

级别最高：王府大门。王府大门，顾名思义，是皇家宫殿和王府所用的形式，一般占三间或五间房的位置，两侧有影壁。

级别次之：广梁大门。在房屋的中柱上安装抱框和大门，门前有半间房的空间，房梁全部暴露在外，所以叫作"广梁大门"，又叫"广亮大门"。

级别再次之：金柱大门。将安装门的位置再往前推，推到房屋金柱上安装抱框和大门，门前有少量空间，这就是金柱大门。

级别再次之：蛮子门。在房屋的前檐檐柱上安装抱框和大门，叫作蛮子门。这种门的门前没有空间。

"蛮子"，是旧时对南方人的一种带有偏见的称呼。"蛮子门"，其实就是南方到北京经商的商人经常使用的一种住宅门形式，出于安全问题的考虑，他们把大门推到了最外面的檐柱上，就是为了不给小偷容身作案的机会。

级别再次之：如意门。这种门的位置和"蛮子门"一样，都是在房屋前檐檐柱。不同的是，如意门是在檐柱两边砌墙，在墙上的门洞内安装抱框和大门，门前同样没有空间。

那么为什么叫"如意门"呢？

还记得门簪吗，一般这种门在门框上方只有两个门簪，上面写"如意"二字，所以叫"如意门"。

再低一个等级，就是直接在墙上开门洞的随墙门，有的装饰有小门楼。还有模仿外国建筑的西洋门，是在清中期西洋文化传到中国后北京地区老百姓所用的宅门。

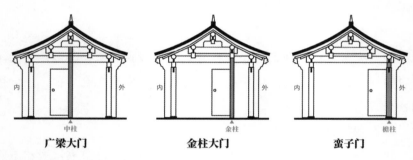

广梁大门　　　　　金柱大门　　　　　蛮子门

门的主要类型示意图

在"还珠"里，在"甄嬛"里，在其他清宫戏里，我们都可以看到格扇门。

而在等级制度无处不在的明清式宫殿中，格心也变成了一处显示建筑等级的地方。

在故宫最高级别的三大殿、太和门等建筑的格扇门上，使用一种级别最高的"三交六椀菱花格心"。这种格心由三根棂条交叉组成，每个交叉点形成一朵六个花瓣的菱花，并在交叉点上钉一颗金属小钉，讲究的还把钉子头做成梅花形。"双交四椀菱花格心"则由两根棂条交叉组成，交叉点形成一朵四瓣菱花，也用一颗金属钉固定，组成的方格有斜格和正格两种方式。

三交六椀菱花格心（故宫）

双交四椀菱花格心比三交六椀菱花格心低一个级别，所以用在三大殿的一些配殿、耳房和部分长廊的门窗上。正方格的格心比较简单，就是用直棂条垂直交叉组成正方格，也有45度斜格与正方格两种形式，通常用在一些长廊和次要的殿堂上。

还有一种常用的格心叫"步步锦"，就是把棂条一圈一圈地向内收紧，再向棂条之间加入短棂条，比喻一步步走向锦绣前程，多么抽象的象征意义。步步锦格心与前面提到的几种格心区别比较大，少了很多严肃、规矩的感觉，增加了很多轻松与随意，所以常用在园林建筑上。

从三交六椀、双交四椀格心到正方格格心、步步锦格心，皇权的等级制度充分体现在皇家建筑的每一个细节上。

你以为这就完了？在格心下面的裙板上，还有比格心更复杂的装饰，也是按照等级配制的。在太和殿、乾清宫等最重要大殿上用的是"团龙浑金裙板"，这种裙板中央有一组双龙戏珠的木雕，四角用卷草纹作装饰，表面涂金色，金灿灿的，既晃眼又唬人。

比"团龙浑金裙板"简单的叫作"草龙团花裙板"，虽然都是龙纹，但在制作工艺上简单了很多，我们在许多建筑构件和工艺品上经

步步锦格心（故宫）

常能见到这种简化了的龙纹。再简单一些的叫作"如意头裙板"。这种裙板的样式比较多，有很多细微的变化，使用范围也更加广泛。

由于中国建筑以立柱为主要承重载体，所以将房屋的四面墙完全解放了出来。"墙倒屋不塌"的说法就是因此而来。结构上的优势也造就了中国建筑墙上轻盈、通透的门窗。门上的诸多元素，如门簪、门钉、门环、门槛、抱鼓石等，成为了大门不可分割的一部分。再加上门上的附加装饰，如门神、门联、斗枋等，也逐渐孕育出中国建筑独特的门文化。

二 汉字砖瓦

1. 托起房屋的坚硬骨骼：宅

　　王阳明的心学理论里，探讨过这样一个问题：在这个欲望横生、纷扰迷乱的世界中，我们究竟该怎样做，才能保持内心的平和与快乐？

　　答案其实很简单，那就是在我们的心里，构建一个属于自己的"心灵密室"。就像梁启超所说的"世界外之世界"，如同龙场驿山洞之于王阳明，尼连禅河畔之于释迦，约旦河荒原之于耶稣。这个"心灵密室"里装的，也许是艺术，是美学，是哲学，是宗教，是禅修，是你可以安放心灵的一切精神事物。希望在你自己的"心灵密室"里，能有艺术的一扇窗。也希望这扇窗，是个带有中国式格扇的户牖。

　　中国古人是非常聪明的。我们想象一下，如果你出生在原始社会，当你要记录信息的时候，一定是用一条绳子，打上结，一个结代表一件事。当然，结绳记事法有一个重大的缺点，那就是"抢隔壁狗蛋两块鱼干未还"这种小事和"明天要攻打旁边的村子"这种天大的事是同样的打两个结。而且过两天就忘了到底哪个结是鱼干，哪个结是打仗。

　　所以人们又发明了记录信息更准确的象形文字。

　　象形文字，或者说甲骨文，都有一个特点，或者说是方法，那就是高度的概括和归纳，而且在视觉上给了我们强烈的记忆点。比如，当我们看到奥迪的四个圈或耐克的钩子时，虽然不一定准确地知道它们背后的意义，但这些简单有力的图形一定会让我们过目不忘。

　　建筑是给人住的，也就是"住宅"。这个"宅"，可以说是天下最安全最舒适的地方，这一点各位宅男宅女一定深有体会。

　　我们来看这个"宅"字，上面是一个屋顶，里面是一个十字，怎么看都像一个房子的侧立面。

　　甲骨文是殷商时期的产物，这说明在那个时

宅（甲骨文）

候，你不光抢隔壁狗蛋的鱼干，也在和狗蛋研究怎么盖房子，并初步研究出了"双坡屋顶"这种最有利于保暖和排水的屋顶样式。而在中国建筑的屋顶体系中，除了少数的"盝顶"或"盔顶"外，几乎都能在某一个角度看到"双坡"。

一条正脊、四条垂脊的庑殿顶，绝对是屋顶形式中的"至尊宝"，等级最高。如果还嫌不够高，那就摞上两层，这就叫"重檐庑殿顶"，至尊宝中的战斗机。如果四条垂脊不老老实实地一次垂下来，而是在中间偷懒"歇"了一下，形成了九条脊，那就叫歇山顶，等级比庑殿顶低一级。没办法，谁让你偷懒呢……

当然，歇山顶也是可以逆袭的，重檐歇山顶就比单层的庑殿顶等级高了，不过还是比不过重檐庑殿顶。

另外我们前面说过，还有两种重要的屋顶形式，就不像上面的两种那么至尊了，那就是悬山顶和硬山顶，是百姓的住房或园林建筑经常用到的。一条正脊，两面坡，两端的屋顶"悬"出山墙之外，所以叫悬山顶。最简单的就是硬山顶了，一条正脊，两面坡，两端和山墙齐平，是一般老百姓用的样式。

除了以上这些，还有很多一些其他的类型的屋顶，根据不同的功能和特点去使用。

屋顶是一座建筑中最华丽的地方。中国建筑素有"大屋顶"之称，就是因为中国建筑的屋顶大而华美，巨栋横空，比起西方建筑来，确实在视觉上占有更重要的比例。当然，屋顶装饰在西方建筑中，也是一个重要的组成部分，无论是拜占庭建筑的"大洋葱"、罗马建筑的"半拉西瓜"，还是哥特建筑的"老玉米"，都成为一个时期建筑风格流派的标志。

宝盖头下面的"毛"字，是"托"的本字，表示托起屋梁的意思。而我更愿意将它理解成托起屋顶的梁架系统，而这也正是"抬梁式"屋架的本意。

中国建筑的梁架结构，简单地说，分为"抬梁式""穿斗式"和

"井干式"三种。"抬梁式",指的是在柱上架梁,梁上再架短柱,柱上再架梁的结构,是北方建筑和宫殿式建筑的常用屋架结构。"穿斗式"结构更多用在南方和民居建筑中,指柱子一通到顶,直接托起屋顶,再把各柱子之间用穿插枋连接起来的一种方式。

你看,"抬梁式"是不是像我们传统社会的运作方式,如果你想出人头地,必须一步步地好好上学,找个好工作,才能有更多的资源到达上一阶层。而"穿斗式"这种直达目标的结构,更像现代网络社会。现代人的社会更像一个仙人掌,如果你想出人头地,只需要找到一个点,就能钻出来,其他一切资源都已被网络打通。就算你只想和狗蛋一起打打鱼晒晒太阳,也是可以的,说不定就成了一个渔业大王了呢。

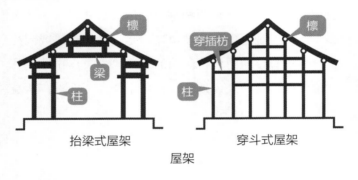

抬梁式屋架   穿斗式屋架

屋架

还有一种叫作"井干式"的结构,这是一种非常特殊的做法,不用柱子不用梁,就用木头一层层叠上去排成一面墙,并在转角处用简单的榫卯结构连接。后面还会讲到"干栏式",稍安勿躁。

一个屋顶,一个托起屋顶的梁架系统,组成了中国传统建筑的基本结构,也组成了这个"宅"字。

公元前 1 世纪,古罗马建筑师维特鲁威在他的《建筑十书》中,提出了建筑的三原则:坚固、实用、美观。虽然随着时代的变迁,中国传统建筑在实用和坚固上已逐渐衰退,但其中的美学思想,绝不只是表现于外在的彩画雕塑上,而一定是深藏在那些曾经稳如磐石的结构原则中。

2. 中国建筑中的"门堂之制"：宫

中国的文字出现得很早，有三千年以上的历史。而房屋出现的历史比文字还要早得多，估计发明文字的那些人，应该也不是住在露天里吧。

文字在中国起源于"象形"，就是我们常说的"象形字"。也就是说，文字一开始其实是一种绘画，在没有文字的时候，古人只能靠画画来交流和记录，这和世界上其他地方人类的原始阶段基本是一样的。

甲骨文中"宫"字，就完全像一个屋子立在那儿。还是个坡屋顶的屋子，带有两个窗户。看，一个标准的房屋立面图。

中国古代这种象形的"图画"，将笔画减到最少，就成了文字。也因为中国文字这种特点，将最早的建筑形态记录了下来。这个"宫"字的结构，足以说明在甲骨文普遍使用的殷商时代，建筑的坡屋顶和窗子已经出现了，也就是说，中国建筑设计最基本的原则早在三千至四千年前，就已经大体确立起来了。

宫（甲骨文）

汉代之前，"宫"就是指一般的建筑房屋，并不像现在这样专指皇家的宫殿。中国最早的词典之一《释名》中说："宫，穹也，屋见于垣上穹隆然也。室，实也，人物实满其中也。"宫就是有墙有屋顶的建筑，室就是人可以在其中活动的建筑空间。东汉应劭所著的《风俗通义》中写道："自古宫室一也，汉来尊者以为号，下乃避之也。"就是说，汉代的皇帝将自己住的房子叫作"宫"，以后的人便不敢再用"宫"来称呼自己的房屋了。

我们再来看看这个"宫"字。这次我们换个角度，从上面俯视这个字，把这个字看作一个平面图的话，像不像一个院子围合的两间房？

中国古代建筑有一个很重要的特点，就是群落式的建筑组合。不管是大如故宫、寺庙，还是小如民宅，中国建筑从来都不是以单体建筑出现的。这种围合式的"四合院"布局是中国建筑区别于西方建筑的一个主要特点，每一个建筑单元都是以"建筑—院落—建筑—院落"的形式交替出现。一进、两进院落算是比较普通的民居，大户人家动不动就是三进四进五进，还带着花园庭院。纵深发展的进数越多，主人的身份等级越高。

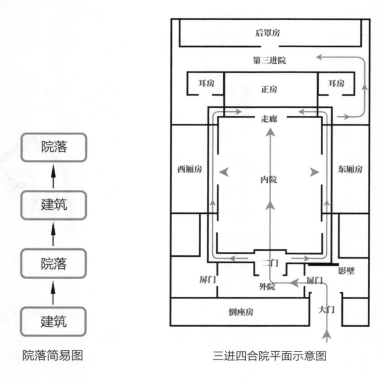

院落简易图

三进四合院平面示意图

进入一个二进式院落住宅的过程是这样的：从大门进入，迎面就是影壁，左手是一道屏门，穿过屏门，进入第一进院落（外院）。第一进与第二进院落（内院）之间的门（二门）就叫作垂花门，从垂花门进去，到达了正院，也就是第二进院子。经过正院，这才能到达正房。

打个比方：中国传统的四合院，就像一个人，有头有耳，五脏俱全。进入这个人体内，就要随着他的气息走动。正房如头脑，朝向最好，住的是房主人；抄手游廊、东西厢房如两臂，住的是子女；倒座房如足，住佣人或作为书斋；中间庭院，使各屋各院气脉相通，收神敛气。

　　一个标准院落实际上是由"门"和"堂"，再加上连接二者的"廊"三个元素组成，从而形成了完整的建筑群落。虽然并不完全规定一堂一门，但大体上说是一"院"一门。"门"是整院落空间的一个最重要的节点，既是前一个建筑群组的结束，又是本身院落的开始。这种从"门"到"堂"的规制，就是中国建筑中的"门堂之制"。

　　这种"门堂之制"，最初是一种礼制上的需要，最早可以上溯到先秦的三礼之制。当建筑形制上升到一种国家体制，并被逐渐确定下来之后，连同有关诸侯、大夫、士人等阶层的房屋制式也一并被确立，成为了"礼"的一部分，这才流传了下来。

　　中国传统建筑的"礼"，体现在院落式建筑群的布局上。从正房（堂屋）到厢房、耳房、后罩房、倒座房，从正院到偏院，建筑的等级，同时也是人的等级。这是上千年来被严格执行的制度。

　　正因为这种传统，中国建筑就再也没有单独的"单座建筑"出现。

　　用建筑布局规划住宅功能与舒适性，使建筑参与到家庭礼制中，像一只无形的手，聚拢、拿捏、分散、阻隔，使整个住宅功能合理、各司其职、长幼有序。不管是北京的三合院、四合院，还是云南的"一颗印"，或是客家人的围龙屋、土楼，在中国传统的人居理念中，围合式建筑布局都是最理想的居住形态，简洁而又安全。

　　一个民居的布局就有这么多讲究，那么一个宫殿建筑呢？我们再来看看保存最完整的古代宫殿——故宫的平面布局。

　　故宫的平面布局最大和最直观的特点，就是中轴对称和群落式建筑组合。最重要的建筑都在中轴线上，一个个的建筑群落组成整体建筑组合。午门、太和门、前三殿、后三殿等，而中轴线左右的武英殿、文华殿以及东西六宫，也都是对称坐落的布局。在纵深上，"前朝后寝"是另一个特点。故宫南半部分集中了几乎所有重要的办公场所，文华殿、武英殿，太和、中和、保和三大殿都是在"前朝"的部分。

而"后寝"的部分当然就是供皇帝居住的后三殿、东西六殿，还有皇后太后们居住的宁寿宫、慈宁宫等地方。

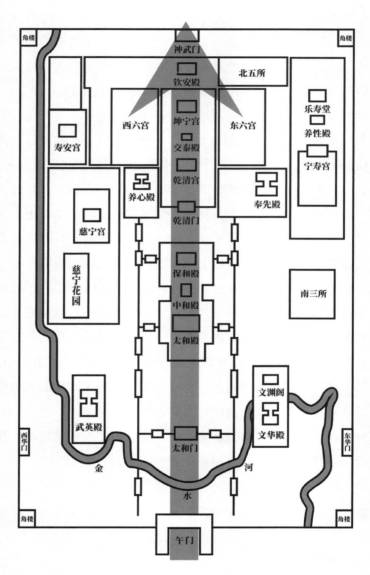

故宫平面示意图

太和门

　　除了中轴对称、前朝后寝的特点，紫禁城还修建了内外金水河，以及神武门北面的万岁山，人为制造了一个"背山环水"的环境，使布局更加舒适合理。

　　看过了宫殿的平面布局，我们再来看看古代城市是怎么规划的。

　　说到古代的城市规划，不得不提一本书——春秋时期的《周礼·考工记》，这是我国第一个论述城市规划理念和功能布局的专著。《周礼·考工记》中的"匠人营国"一章，对城市规划有了详细的论述："匠人营国，方九里，旁三门，国中九经九纬，经涂九轨，左祖右社，前朝后市，市朝一夫。""营国"就是建城。这段话的意思是：营建都城应是一个方形的城市规划，每边有三个城门，城中有九条南北大道、九条东西大道，每条大道可容九辆车并行。城市中左边（东）是宗庙，右边（西）是社稷坛。东面为祖庙，西面为社稷坛，前面是朝廷宫室，后面是市场与居民区。

　　《周礼·考工记》中对城市的规划，最重要的一个特点还是"中轴对称"。皇城是一定要放在中轴线上的了，但是放在中轴线的前端、中端或后端，各朝代都有自己的做法。唐代的长安城，皇城和宫城都是在都城的后端，也就是北部。在宫城太极宫的北面，还可以看到后来建的更大的宫城——大明宫。

　　从春秋时期开始，中国古代城市逐渐形成一种特殊的规划制度——里坊制。就是将城市中的居住区按照棋盘格的形式，划分为一个个独立的方格，每一个方格叫作一个"里"或一个"坊"，每一个里坊还会有独立的名称。唐代长安城将买卖东西的西市和东市，放在了皇城的南面，和居民区离得比较近，这也是"东西"这个词的来历。唐长安城的规划理念在当时是十分先进的，同时代的日本平城京（京都），就是完全模仿了长安城的规划设计的。

到了宋代，经济繁荣，商品经济空前发展，初期还遵循的里坊制度，到了北宋中期已经被打破，沿街的围墙不见了，满街都是商铺。宋代以后，就再也没有出现过里坊制。北宋的东京汴梁城，已经很接近现代城市的规划布局了。北宋张择端的《清明上河图》，就再现了当时繁华的街市店铺，没有了里坊的围墙，人们可以在街边经营店铺，做各种买卖。

到了元朝，对新建城市的布局规划更加成熟，建设城市首先要进行严密的计划，并出现了成为明清两朝都城蓝本的超级都城——元大都。元大都还原了中国传统的都城规划思想，外城每面三门，左祖右社，钟鼓楼居中，外城、皇城、宫城层层环套。并初步形成了那条"充满魅力的中轴线"。

明、清时期的北京城，就是在元大都的基础上，向南扩张而来。元、明、清三朝都城，基本都是在《周礼·考工记》的都城规划基础上，做出了自己最好的注解。

3. 一段相声的秘密：院

"院"这个字，最初形成于篆文。左边是一个"阜"字，看到那一级一级的台阶了吧，代表高山；右边是一个"完"字，是声旁，表示"安静的居所"。院字最初的意思是"建在山上的安宁的居所"。《说文解字》里说："院，坚也。从阜，完声。""院"字还有一个异体字"寏"，其实在字形上更接近"院"字现在的意思：立在穴居之上的人和周围的草木，被围合在房屋中间。

说到房屋与居住，中国人有自己的一套观念。

中国古代王朝更迭频繁。朝代的更替比翻书都快，老百姓总是处于一种不安定的状态，也许刚刚把家安好，一转眼，国家又打起来了，匪兵甲乙丙到处流窜，抓个壮丁屠个城更是家常便饭。

院（篆文）

也正是由于连年战争，各地方只有属于国家的军队系统，很少有属于地方的治安管理者，老百姓要想安居乐业，要么去深山古寺中修炼，要么就只有自己保护自己。所以，不管多么宏大多么渺小的建筑，上至宫廷庙宇，下到房舍猪圈，都要用围墙或房屋围成院落，形成一个独立私密的空间。人在院落里居住，增加了安全感，纵使外面兵荒马乱，关上大门，还有窝头吃。

另外，在中国人的传统居住观里，还一个很重要的观念，就是长幼有序、尊卑有别，注重家庭礼序。在四合院的一方小小天地中，以最重要的正房为核心，形成一个"尊卑等级圈"，以"正房—厢房—倒座房"的建筑等级，使重要的人更靠近正房，不重要的人远离正房，完成一个家族的等级划分。

"院"这个字，其实是中国传统居住理念核心中的核心。

不管是北方的四合院、三合院，还是南方的"一颗印"、土楼等其他形式，"院落式住宅"始终是最适合中国民居的建筑形式，也是中国人性格中含蓄内敛、礼让谦和的最真实的写照。

要说世界最早的四合院，在考古领域可是个明星，最早可追溯到西周时代，那就是陕西岐山凤雏西周住宅遗址。这个距今三千多年的二进院落，可以明显看出来影壁、大门、前堂、后室和围合院落的厢房。有廊子将前堂后室连接，形成"工"字形平面，可见这已经是相当先进的围合式院落建筑了。

一个标准的北方三进院落的四合院，根据功能的需要和主人的身份，可分为一进、二进、三进、四进、五进等不同的院落结构，甚至横向带跨院带花园的组合式布局。像《红楼梦》里的大观园，那就是不知道有多少进的土豪之家了。

最近没事的时候，喜欢窝在家里喝喝茶看看书，听听相声，也是蛮惬意的。前两天听老郭的《夸住宅》，兴之所至，索性把马老爷子和马少爷说的《夸住宅》都翻出来听了一遍。

如意门（天津石家大院）

来，听这段：

"门口有四棵门槐，有上马石下马石，拴马的桩子。对过儿是磨砖对缝八字影壁；路北有广梁大门，上有门灯，下有懒凳。内有回事房、管事处、传达处。二门四扇绿屏风洒金星，四个斗方写的是'斋庄中正'。"

这是《夸住宅》中的名段。在这段里所"夸"的，就是前面说的，中国民间最常见的建筑形式：四合院。还记得前面讲过的三进四合院的平面示意图吗？

来，我们玩个想象力的游戏，再去一座三进四合院里面转转吧。

首先我们面对的，就是四合院的大门，一般开在整座建筑的东南角。为什么要开在这里呢，稍后告诉你。

中国的建筑向来等级森严，各种建筑单体也按照主人的不同身份和等级分成不同级别的形制。《夸住宅》里说的"路北有广梁大门，上有门灯，下有懒凳"，这个"广梁大门"，就是一种官宦宅邸常用的大门形式。

一个标准配制的四合院大门，那是非常讲究，门板、门槛、铺首、台阶、抱鼓石、门簪等一系列配件，缺一不可。大门的等级也是要按主人的身份定制的，这里有多种套装可选：王府大门、广梁大门、金柱大门、蛮子门、如意门、随墙门，等等，按你的社会等级选择即可。

当然，一不小心选错了，那就没有再次选择的机会了。

前面说过大门的等级形式了。

来，我们接着往里走。

从大门进去，迎面就是影壁。影壁有遮挡外人视线的作用，即使大门敞开，外人也看不到宅内，还可以烘托气氛，增加住宅气势。

影壁墙可是四合院里不可缺少的"大件"装饰物，一般放在进入大门后正对着的建筑山墙上，称为"座山影壁"。如果有客人进入四合院，第一眼看到的就是这座影壁，也是整个四合院最先被看到的内院装饰，那可马虎不得，各种好看的砖雕、纹饰可劲儿往上放吧，没毛病。

而在《夸住宅》中所说的"对过儿是磨砖对缝八字影壁",指的显然不是这种在宅门内的影壁,而是一种立在宅门对面的八字形影壁,称为雁翅影壁。它的主要作用就是告诉别人:我家是土豪,就是有钱!

"三号门外,在老槐树下面有一座影壁,粉壁得黑是黑,白是白,中间油好了二尺见方的大红福字。祁家门外,就没有影壁,全胡同里的人家都没有影壁。"这是老舍先生在《四世同堂》中对影壁的描述,这就是在门外的影壁,是一种身份的象征,显然不是穷人家的院门前能有的建筑。

过了影壁,左手有一扇门,叫作屏门。穿过这个屏门,就来到了第一进院。

曹雪芹在《红楼梦》中林黛玉初进贾府时写道:

"众婆子步下围随至一垂花门前落下。众小厮退出,众婆子上来打起轿帘,扶黛玉下轿。林黛玉扶着婆子的手,进了垂花门,两边是抄手游廊,当中是穿堂,当地放着一个紫檀架子大理石的大插屏。"

这里所说的垂花门,就是第一进院与第二进院之间的一道门,也叫二门,是整个四合院最漂亮的一扇门。因为结构的原因,垂花门的两个前檐柱可以不用落地而悬在半空,两个倒垂下来的柱头雕饰出莲瓣、串珠或石榴头等形状,酷似一对含苞待放的花蕾,这对短柱称为"垂莲柱",垂花门也由此得名。

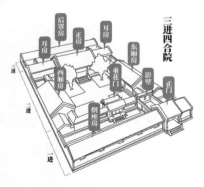

三进院落俯瞰示意图

垂莲柱

一个好看的垂花门，能展示出主人的品位和实力，也是极重要的"面子工程"，所以几乎浓缩了中国建筑所有的元素。大部分垂花门采用的是"一殿一卷"式的屋顶，即门外部分是起清水脊的悬山顶，门内部分是卷棚顶，二者勾连搭接。屋顶下的空间像个小房子，前后有门，左右连通抄手游廊。

再来回放一下相声："二门四扇绿屏风洒金星，四个斗方写的是'斋庄中正'。"

"四扇绿屏风"，就是垂花门向着院里的门，一般是四扇，平时关着。这个"二门"，指的就是垂花门，过去形容大小姐"大门不出，二门不迈"，说的就是从来不迈出垂花门到外面去。

过了垂花门就是第二进院子。遇到雨雪天气或无需开放垂花门时，进入正院就要经过抄手游廊。这一圈连廊沿着内院外围连通垂花门与东西厢房，直达正房。因形似人揣手形成的形状而得名。转过抄手游廊，我们终于到达了内院。

坐北朝南的正房当然是给四合院主人住的，一般是三间或五间，是整个四合院中朝向、采光等条件最好的地方，冬暖夏凉，是主人的会客厅及卧室。我们说过的"门堂之制"的"堂"，就是指这个正房，也叫堂屋。

正房两边并配有东西耳房，"三正两耳"或"三正四耳"。耳房一般作为仓房或书房来使用。一般四合院里的东西厢房是给小辈住的，一般东厢房住公子，西厢房住小姐。《西厢记》中的崔莺莺，就是从西厢房走出去，开始没羞没臊的幸福生活的。

朝向最不好的倒座房是作为仓库或给下人住的房间，有的土豪人家的私塾也会设在倒座房里。如果房主人实在豪横，还会在正院后面另外增加一进院，盖起最北面的楼，这也是院里最私密的地方，一般是给未出嫁的女儿居住。那么这个三进院落也就变成了四进的院子。

好了，我们已经到了正房，四合院参观完了，大家可以解散了。

等等，我们刚才进正门的时候发现，四合院的正门一般都设在整个院落的东南角。为什么不设在正中呢？

这个问题在中国的传统文化里，就属于居住风水的问题了。

北方建筑的风水讲究的是"坎宅巽门"，"坎"为正北，在"五行"中属水，人们相信正房建在水位上，可以避开火灾；"巽"即东南，五行中又有：乾为天，坤为地。巽为风，震为雷，坎为水，离为火，艮为山，兑为泽。巽为五行属风，代表进出平安顺利，所以把门开在东南角，取个出入平安的吉祥之意。

你猜对了吗？

4. 如果你生在远古：巢

一下、两下、三下……

你已经累得几乎没有知觉，只有双手还在机械地挖着，手中那块当作挖掘工具的石块，已经被泥土覆盖了一大半。

你累得说不出话来。

当然，那时的你，还不会说话。准确地说，正如身边所有的"人"一样，你们在用一种听起来像婴儿般咿呀的声音交流着。

你所在的时期，没有准确的纪年，被后来的人称为远古时期或原始时期。你和其他人，依靠挖掘山洞遮蔽风雨，采集树上的果子和捕捉河里的鱼为生。眼前的这个大洞，是在一块高坡的背风面上挖出来的，你和两个族人已经不停歇地挖了三天。这将是你们今后一段时间的"家"。

这个洞挖得很好，从土坡的背风面往里横着挖，可以挖进去一米多深，靠洞口的地方可以点火，热气正好形成一道门帘，挡住洞外的寒风，还能烤熟打来的野兔和果子。很久没吃到肉了，想到烤得焦香的兔子肉，你的精神为之一振。

你在洞口前躺了下来，疲惫的双手逐渐恢复了知觉。风吹在你赤裸的身体上，带走毛发上的汗水。你眯着眼睛。天上的云一团一团地慢慢飘过，好像一只只白白的兔子。阳光偶尔从兔子群中闪出，亮亮的，比昨晚最亮的星星还要刺眼。

……

醒醒……

如果你身在远古时期，是幸运还是不幸呢？那时没有工作压力，没有购房压力，没有升学率，不用还贷，不用写作业，没有"996"，更不会有中年危机。

是幸运吗？很遗憾，不但不是幸运，而且很不幸。有的只有寒风骤雨，风吹日晒，豺狼虎豹，虫吃鼠咬，再加上常年吃不饱和各种疾病。为了生存，远古的人们首先要学会为自己建造遮风避雨的地方。山洞这种地方是极好的，既干燥又温暖，还能防风留存火种。不过有时并不是只有你独享，可能睡在你身边的是一窝老鼠、一只鹿或是什么别的小动物，当然，只要不至于吃了你就行。

这种天然的洞穴，虽然也起到遮风避雨的作用，但却和"建筑"没有半点关系。当人们有意识地挖掘洞穴、建造火塘和墓穴的时候，才是建筑真正的起源。

《礼记·礼运》中有"营窟"的说法，孔颖达疏："营，累其土而为窟，地高则穴于地，地下则窟于地上。"你看，这就是经过人工营建的洞穴了，把土堆起来成为洞窟，根据地势的高低来选择营造的方式。

你看够了天上的白云，拿起石块继续挖的那个洞，是属于在土坡或断崖上修造的"横穴"。在经历过无数次的倒塌和灌水、呛烟之后，人们学会了根据不同地形去开挖不同的洞穴。在断崖、坡地上横着挖，在较高地势上往下挖。

后来，不知是哪个聪明的人，又发明了盖在洞穴顶上的"盖子"。那是用一圈小木棍和草扎起来的，用一根粗一点的木头顶在洞穴下面。这样就不用挨雨淋和风吹了。躺在这种有盖子的洞穴里，晚上透过盖子上树叶的间隙数数星星，好似一杯红酒配电影，那是极惬意的。

这个在竖穴里用一根树干挑起来的盖子，成为了最早的具有遮盖功能的"屋顶"。虽然这时它看起来还是那么简陋，但却已经将"洞穴"这种半人工半天然的居住形态逐渐演变成一个"建筑"。

与寒冷的北方相反，南方的天气热得要死，到处都是湿地和水塘，蚊虫一大堆，睡醒时身上趴着条蛇也不奇怪，随时体验惊险与刺激。这时人们居住首先要考虑的就是防水防潮和防各种小动物了，蚊子叮一下那都不叫事，要是被有毒的家伙咬上一口那可不得了。

于是，在北方人类忙着寻找合适的山洞和土坡，用手中的石块一下一下挖掘着黄土时，南方的人类正在一棵棵低矮的树上爬上爬下。由于南方土地潮湿，在那上面挖洞，和住泥巴里差不了多少。不知经过多少次尝试，人们放弃了挖洞的打算，发明了在树上搭房子的巢居的方式。

从远古时期的和动物没什么两样的猿人开始，人类经过几千年的进化，从一种随时可以被大自然虐待、折磨、欺负的生物，逐渐变成这个星球的主人，一个很重要的能力就是：人类学会了"学习"这件事，并且从大自然那里学到了足够多的生存本领。鸟类的巢穴，就是搭建在高高的树上的，用一根根的树枝叠加放置在一起，形成一个半球形的窝。人们看到了这个绝佳的居住方式，于是也在树上搭起了房子。

甲骨文和金文的"巢"字很容易识别，就是树上有个鸟巢嘛。小篆就更形象了，上面添上了三只小鸟，还真是怕人看不出这是个鸟巢。巢居本来是小鸟们的专利，南唐徐锴的《说文系传》里说："臼，巢形也；《《，三鸟也。"这里面的"巢"字就是指鸟窝。

人们发现，把房子盖在树上的好处真是太多了，既能避开洪水的冲击，又能防止野兽的袭击，还能避潮湿，盖起来也很简单：在树上找到位置合适并且足够大的枝丫，用砍下来的藤蔓将一根根树枝捆扎在大树枝上，形成一个个像鸟巢一样的"窝棚"。在上层树枝的支撑

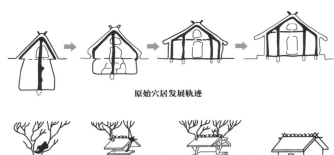

原始穴居发展轨迹

原始巢居发展轨迹

巢（篆文）　　　　　　　　　　　原始居住方式示意图

下，厚厚的树叶和杂草成为"屋顶"，起到了遮风挡雨的作用。嘿，你还别说，这不就是战胜大自然了嘛。

在距今 5000 多年甚至更久远的新石器时期，在广阔的中国大地上，穴居与巢居成为了北方和南方人类最主流的居住方式。巢居主要还是在长江中下游地区，也就是有水的地儿，北方地区已经慢慢地从穴居和半穴居过渡到地上建筑了，所以才出现了抬梁式、穿斗式和井干式结构。虽然和南方比起来，北方少水，但近水而居仍然是一种最基本的居住需求。人们在建造巢穴时，还逐渐形成了一些"标准（指标）"，比如：洞口高度要够高，避免水淹；洞口周围要干燥；洞口要开在背风一面；接近洞口的部分用来居住，洞内低洼处掩埋死者，等等。

这些指标，换成现在的居住条件，就是：地基要深，排水要通畅，小区景观要好，楼房朝向要合理，采光要好，最起码也是个两室的户型。这些指标，在后来成熟的建筑中逐渐成为种种习惯或禁忌，形成了早期的建筑风水雏形。

人们考虑得还是挺周到的。

当人们完全掌握了在树上搭建"房屋"的本领之后，就不满足于只在树上建房子了。人们看到了树木作为支撑物起到的作用，并受到了启发，开始用大的木柱子代替小树作为支撑，再在上面搭建平台作为地板、做屋顶。

我们介绍过三种常见的木结构形态：抬梁式、穿斗式和井干式。其实还有一种，与"井干式"一样，也只在特定的地区才有。这种用木柱架空，在上面做建筑的"干栏式"结构，其实是最有历史渊源的，这样人们不仅适应了南方的炎热潮湿，也不再将树木作为建造房屋的必要条件，在山多树少的地区同样能搭建。这就是我们常说的"构木为巢"，这个时期的干栏式建筑，成为了中国古代建筑的最初形态。

我们说了这么多，其实主要就说了两件事：穴居与巢居。远古时期的人类，为了找一个保暖安全的居住地点，也是费尽了脑子。由巢居建筑发展而来的干栏式建筑，现在主要分布在广西、云南、贵州这些多雨和潮湿的地方。屋子下面用木质龙骨支撑成为基座，基座上面再盖房屋，通风防潮，基座下面还可以养猪养羊。由于木质的伸缩性和基座的支撑，干栏式建筑还是最好的防震建筑。

新石器时期的北方由穴居发展到半穴居，南方巢居发展到干栏式建筑，从而向地面建筑发展。到了商周时代，人们的居住房屋已经全部发展成地面上的建筑，从而开创了真正意义上的中国古代建筑。

5. 窥见文明的出入口：窗

"窗"字在甲骨文和金文中很形象，就是一个圆圈，里面有三个小枝，就像一个洞口上插着三根用来遮挡的枝条，组成了一个很形象的窗户。

来，下面又得请你回到原始社会当我的群众演员了。在早期的原始文明中，你和你的族群还没有发明"穴居"，无论是狂风暴雨，还是太阳高照，你都得在野地里无奈地裸奔。直到你发现，山上自然生成的洞穴里，可以遮风避雨。

就这样，你慢慢学会了在地上"给自己挖坑"，穴居文明出现了。而那唯一的出入口，又是门，又是窗。

到了篆字中，"窗"字的外面又加了一层，好像窗框，四周的枝条变成了窗棂格条，已经能看出一个简单的窗户的味道了。咦，怎么上面还有个小短竖呢？

《说文解字》里说："在墙曰牖（音有），在屋曰囱。"也就是说，开在墙上的出口叫作"牖"，开在屋顶上的出口叫作"囱"（窗）。古代叫作"窗"的那个东西，其实就是开在屋顶上的"天窗"。那个小短竖，就是屋顶上的烟囱。

后来，为了区别屋顶和墙壁上的窗，才在"囱"的上面加上了表示房屋的"穴"字，形成了今天的"窗"字。

我们经常说"中国文字博大精深"，这"博大精深"的具体表现就是：一个意思可以用多个字或词来表达，这里面的区别和变化，微妙得简直令人发指。比如，"向"字，在古代就是指开在屋子最北面的窗。再比如，另一个你们都熟悉的"囧"字，也是窗的意思。在没有电灯的古代，最"明亮"的时候莫过于"能看见窗外的月亮"了，所以甲骨文中的"明"字，就是一个"月"字加一个"囧"字，你可千万别理解成"囧一个月"。

窗（篆文）

老子的《道德经》里也说："凿户牖以为室，当其无，有室之用。"这里的"牖"和《说文解字》里说的"在墙曰牖"一样，都是指开在墙上的窗。而"户牖"这个词，就是中国古代对门窗的统称，门为户，窗为牖。

在中国古代建筑中，门窗属于外部装修的一部分。相对于其他构件，门窗的设计灵活度是最高的，也是最能展现工匠才华的地方。中国古建筑发展到成熟时期，格扇门或格扇窗成为最常见的门窗形式，常见的有板门、格扇、风门、槛窗、支摘窗、横披等样式。

在中国文化里，"窗"这个元素已经不仅仅是一个建筑构件那么简单了。建筑上的"窗"是最能代表中国建筑的美学意境和浪漫情怀的地方，而"窗"这个元素也是文人墨客们最容易表达诗性和吟颂不尽的题材。

床前明月光，疑是地上霜。举头望明月，低头思故乡。

这是李白对窗外明月的描述。虽然诗中没有"窗"字，但想必李白不会睡在马路上。如果屋中无窗，诗人也就不会"思故乡"，那可能就要一觉到天明了。

北阙休上书，南山归敝庐。不才明主弃，多病故人疏。

白发催年老，青阳逼岁除。永怀愁不寐，松月夜窗虚。

孟浩然四十岁进士落第，有一肚子牢骚却没地方发泄。晚上满心忧愁辗转难以入睡，又看到月照松林，窗外一片空虚。

这意境，简直惨绝人寰。

古代诗词中写窗的简直太多了。"窗含西岭千秋雪，门泊东吴万里船"（杜甫），"东窗对华山，三峰碧参差"（白居易），"归鸿声断残云碧，背窗雪落炉烟直"（李清照），等等。

好了，再说下去就快变成诗词大会了。

刚才说的是诗词中的窗，下面咱再说一个文学经典中写窗的情节。当然，这个文学经典，只能是《红楼梦》。

《红楼梦》第四十回，贾母带刘姥姥逛大观园时，进了黛玉的潇湘馆。"说笑一会，贾母因见窗上纱的颜色旧了，便和王夫人说道：'这个纱新糊上好看，过了后来就不翠了。这个院子里头又没有个桃杏树，这竹子已是绿的，再拿这绿纱糊上反不配。我记得咱们先有四五样颜色糊窗的纱呢，明儿给他把这窗上的换了。'"

贾母说的这种四五样颜色的纱窗，叫作"软烟罗"。"那个软烟罗只有四样颜色：一样雨过天晴，一样秋香色，一样松绿的，一样就是银红的。若是做了帐子，糊了窗屉，远远的看着，就似烟雾一样，所以叫作'软烟罗'，那银红的又叫作'霞影纱'。如今上用的府纱也没有这样软厚轻密的了。"

　　为了和室外的竹子颜色形成反差，建筑上的纱窗要用粉红色来搭配，也只有贾府这样的大户人家才会对这种事"穷讲究"。在这个"换纱窗"的情节里，曹公不但将贾母对林黛玉的偏爱写得入木三分，也写出了官宦人家的审美情趣。

　　中国建筑上的窗，是一个有生命力的精彩的地方。对于房屋而言，窗是如灵魂般的眼睛，是会说话的。但在现代建筑中，这种带有诗意的窗已经被高楼大厦中只有功能需求的窗所替代。想来这也是现代文化与民族文化融合中，我们必须要面对的痛吧。

6. 楼与阁有什么区别：楼

　　这是一个发生在魏晋时期的神奇故事。主角是你。

　　你姓辛，生活在武昌的蛇山，是一个酒馆的老板。

　　蛇山，当时叫黄鹄（音胡）山，虽然风景秀丽，却不是非常繁华的所在。因为往来客商不多，所以酒馆的生意一直不温不火，你心里时常暗暗着急。

　　这一天傍晚，你正坐在酒馆里，望着稀稀拉拉的客人发呆，忽然门一响，进来一位身材魁伟的客人。这人衣着褴褛，身上的粗布褂已经补满了补丁，脚上的破布鞋也露出了脚指头。他神色从容地径直走向你，对你说："老板，可否舍给我一杯酒喝？"你从发呆的心境中回过神来，见此人模样，心中道："这人看来非常贫穷，相逢即是缘分，舍他点酒罢。"急忙盛了一大杯酒奉上。那人也不道谢，大口喝完，扬长而去。

　　从此每天傍晚，这人必到你的酒馆要酒，善良的你也每天请这位客人喝酒，并没有因为他付不出酒钱而将他赶走，甚至从来没说过一句不恭敬的话。

这一天，这人又来店里要酒，喝完酒之后，忽然转身对你说："这些日子承你照顾，我欠了你很多酒钱，没有办法还你。今天给你画幅画儿罢。"说完，从桌上捡起一块橘子皮，在身后的白墙上"唰唰"地画了起来。不一会儿，就画出了一只橘黄色的仙鹤。

你暗暗叫苦，心想："我的白墙啊，被你胡画一通，害我还得粉刷。"刚要发作，那人却击掌唱起歌来："我本江上鹤，偶逢黄鹄客。感君承佳酿，翩翩堂中落。"刚唱完一曲，神奇的事情发生了：只见画在墙上的那只仙鹤竟动起来，伸颈展翅，在墙上跳起舞来。

你被这神奇的景象惊呆了，站在原地不知所措，店中的其他客人也都目瞪口呆。那衣衫褴褛之人却望着你笑而不语。

"黄鹄山的辛家酒馆墙上画的仙鹤能跳舞！"这一消息不胫而走，转眼间，你这间小小的酒馆每天挤满了人，都是来看鹤舞的，而那人也每天必到，作歌舞鹤。酒馆从此高朋满座，生意兴隆，你也是赚得盆满钵满。

如此过了几年。这天，那人又来到酒馆。这次他没有唱歌，却对你说："承你舍酒之恩，今已报答，我要走了。"说着，他从怀中取出一只短笛，吹了一曲。忽然间，墙上那只仙鹤竟飞了下来，落到那人面前。那人跨上鹤背，抚掌大笑。你还没来得及说一句话，只见仙鹤展翅长身，飞入云端，飘然而去。

你再次呆在原地。

你知道仙人已去，十分感念他的招财之恩，就用这几年赚的钱，在此地建了一座楼阁来纪念他。这座楼临江而建，灰瓦重檐，雄伟高大。从此被命名为——

黄鹤楼。

在魏晋南北朝时期，非常流行这种"一言不合就成仙"的故事，刚才这段，就是号称"天下江山第一楼"的武汉黄鹤楼的来历，出自《江夏县志》之"报应录"。感谢"你"友情出演。

这段的原文是：

"辛氏昔沽酒为业，一先生来，魁伟褴褛，从容谓辛氏曰：许饮酒否？辛氏不敢辞，饮以巨杯。如此半岁，辛氏少无倦色，一日先生谓辛曰，多负酒债，无可酬汝，遂取小篮橘皮，画鹤于壁，乃为黄色，而坐者拍手吹之，黄鹤蹁跹而舞，合律应节，故众人费钱观之。十年许，而辛氏累巨万，后先生飘然至，辛氏谢曰，愿为先生供给如意，先生笑曰：吾岂为此，忽取笛吹数弄，须臾白云自空下，画鹤飞来，先生前遂跨鹤乘云而去，于此辛氏建楼，名曰黄鹤。"

当然，这只是个传说。

有个问题不知你注意过没有：著名的江南三大名楼，黄鹤楼、岳阳楼、滕王阁，为什么有的叫楼，有的叫阁？

我们现代人把比较高的建筑，一般都统称为"楼阁"，把楼和阁连在一起了。其实在古代，"楼"和"阁"是两种不同的建筑形式。"楼"的篆体字，左边一个"木"，右边一个"娄"，表示相搂抱在一起。加在一起，就是比喻古代土木建筑中两层或两层以上相互勾连的木房，这也是"楼"这个建筑形式的本意。

《说文解字》里说："楼，重屋也。"也就是说，两层以上的建筑叫楼。我们现在都住楼房，没有叫"阁房"的，就是沿用了这个概念。

楼（篆文）

来，我们再做个比喻。如果你生活在上古时代，也就是原始社会，为了躲避风吹日晒，蚊虫叮咬，你有什么办法？来辆保姆车？想得美。住在水底下？你又不是美人鱼。

看来，还是盖个房子比较靠谱。于是，你开始老老实实地盖房子。

一开始在地上给自己挖坑（穴居氏）；后来在树上跟小鸟抢地盘儿（有巢氏）。再后来发明了一半地下一半地上的半地穴，再到后来的木构宫室，反正为了住得舒服点儿，你想尽了各种办法。

那么住舒服了以后呢？

美国那位研究心理学的大叔，亚伯拉罕·马斯洛，在1943年提出了一个广为流传的"马斯洛需求层次理论"。这个理论表明，人们在满足了最基本的"生理需求"之后，还会有"安全需求""社交需求""尊重需求"等一系列越来越高的需求。人的欲望啊，会随着条件充裕而越来越多，还真是难为了那些创造人类的上帝、女娲、外星人和哆啦A梦。

马斯洛需求层次理论图

那么满足了基本的居住需求之后，你又有了什么更高的需求？为了观察附近的敌人，你需要登高瞭望；为了看到哪里有更多的食物，你需要登高瞭望；为了看到哪里有美女，你需要登高瞭望……于是，你又发明了可以远眺的"台"。来，下面我们看看秦汉时期的文人雅士们，他们的一天是怎样度过的：

上午：组团"登台远眺"，文青的自我修养，感受祖国大好河山。

下午：集体"游猎骑射"，训练生存技能，秀肌肉，大号吸粉。

晚上：诗会，书画鉴赏，姬妾同乐。

有了供远眺的高台，新的问题又来了。最初的"台"上，是没有任何附属建筑的。登台远眺这么文艺的事，最怕风吹雨打，一有个刮风下雨，问题就严重了：上一秒还是长发飘飘美型男，下一秒就变落汤鸡杀马特。

于是，你又在高台上接着盖建筑。

《尔雅》中说："观四方而高曰台，有木曰榭。"可见最早"台"上的建筑是叫作"榭"的，到了汉代，逐渐不再称"榭"而叫"楼"，这个"楼"又越盖越高，就成了高台建筑的特有称谓。

而"阁"，最初并不是指建筑。《礼记》中说："大夫七十而有阁。"郑玄注："阁，以板为之，庋食物也。"就是说，"阁"是木板做的，是架在墙上放食物的阁板。这种阁板下面用三角形木架支撑，上面可放物品。这东西谁家都有，"束之高阁"就是这么来的。后来这种"庋物"的"阁"越做越大，大到能"庋人"了，就成了建筑上的"阁"。这种能"庋人"的"阁"，类似于我们现代的阁楼。

阁（篆文）

篆体字的"阁"，外面是代表建筑的"门"字，里面的"各"字是"格"的省略，表示格子、格栅，造字的本义是指：古代贵族或宫廷的多层建筑的顶楼。这个解释更接近现在我们熟知的"阁"，也就是在屋顶上架空搭出来的小小的空间，有一种私密、专属的气质，怪不得很多人都有这种"阁楼情结"。

这种底部架高的形式，后来在文化上又有了很多象征意义，比如古代未出嫁的女孩儿的卧室叫作"闺阁"，姑娘出嫁叫"出阁"，政府最高部门叫"内阁"，等等。这里的"阁"，就有"架高，保护起来"的意思。当然，开会时被扔鞋，是什么"阁"也保护不了的。

到了唐代，对"楼"与"阁"有了一个形式上的区别：有"平坐"为阁，无"平坐"为楼。所谓"平坐"，就是楼阁式建筑中，挑出的平台或走道，外沿装有栏杆，就像今天我们家里的阳台一样。有"平坐"的"阁"，主要的功能就是供人凭栏远望，是观景的建筑。"重屋为楼，四敞为阁"，就是指四面都有门窗和平坐，能敞开，视野开阔的是"阁"，而没有"平坐"的"楼"，通常是用来居住的。

"阁"的作用，除了让人凭栏远望，还有一种功能，就是储藏。在寺院里一般都会有藏经阁、佛香阁，宫殿里有藏书阁、文渊阁、阁斋，等等。这些"阁"，在整个建筑组群里的地位都是比较高的。

好，我们再来回顾一下。区别楼与阁的终极大法：

一是有没有平坐；二是底部是架空还是高台；三看是不是四面开

窗；四看是住人还是观景、储物的。

随着建筑形式发展得越来越多，楼和阁慢慢得被人们混用了。两层以上的建筑一般都会有平坐，观景的建筑很多也被称作"楼"了。

当然，就算你分不清楼和阁的区别，也不是什么大不了的事，毕竟现在叫楼和阁的，只有饭馆了。

观音阁二层平座（独乐寺）

7. 进来还是出去：城

这次我们聊的这个字，不只是建筑的范畴了，感觉整得有点大……

小时候非常喜欢看电视剧《围城》，那时每集开头都有这么一句："住在城里的人想出来，住在城外的人想进去。"我就总想，这帮人也是够闲的，老老实实待着不行吗……

甲骨文中是没有"城"字的。可能那时大家还都忙着在原始社会里裸奔，顶多几个人组成个部落什么的，还没形成太大的城市。金文中的"城"字，是由左右两个字组成。左边的中间是一个圆圈，这个圆圈就代表"城"了，圆圈上下各有一个城楼，一正一反。这一个圈儿两个城楼，就是甲骨文里的"郭"字，也就是城的意思。右边是个"戌"字，也是一把大斧，刃向着城楼，有守卫的意思。

什么是城？《说文》里给我们解释了："城以盛民也。"也就是盛载百姓的容器，"城"本意是城邑四周的墙垣，里面的叫城，外面的叫郭。

城（金文）

我们来看看早期的城市是怎么形成的。

我们在以前讲过，中国早期人类的建筑是从穴居和巢居发展而来，也就是在地上挖洞住和在树上搭棚子住。

不厌其烦地再举个例子：如果你生在距今 5000 多年前的新石器时代，那么估计你每天会有做不完的工作：钻木取火、喂养绵羊和山羊、种植小麦、用火烧制陶器，以及用土坯砌房子。这么多工作，如果让你自己做，那不得累成狗？

更要命的是，到处都是豺狼虎豹，那可是纯纯的野生猛兽，没经过半点人工驯养。你和你的族人必须要联合其他族群才能生存。于是乎，你们找了个水源丰盛的平原地带定居下来，修筑篱笆、努力造人，形成了早期的村落。

随着生活的逐渐稳定，你开始把多余的猎物拿来与别人换取自己没有的东西。一只兔子可以换两把鱼干，一只山羊可以换五个陶罐……就这样，你和其他人逐渐在固定的地方交换物品，"市"形成了。

唐代史学大家颜师古说过："古未有市，若朝聚井汲，便将货物于井边货卖，曰市井。"人们也开始在水源充足的地方打井取水，顺便将货物在井边贩卖，这就是"市井"这个词的来历。随着部落的扩大，人口越来越多，可交换的物品和食物也多起来。一些不自觉的人开始偷盗和抢劫其他部落的东西。出于防卫的需要，人们便在篱笆的基础上筑起城墙。

早期的城市出现了。

《吴越春秋》一书有这样的记载："筑城以卫君，造郭以守民。"筑城是为了保卫君主，造郭是为了守护平民。城以墙为界，有内城、外城的区别。内城叫城，外城叫郭。内城里住着皇帝高官，外城里住着平民百姓。

总结起来，城市的起源，大概有三个因素：

一是为了防御：建城的目的是为了不受外敌侵犯。

二是由于"市"的出现：随着社会生产的发展，人们手里有了多余的农产品、畜产品，需要交换。进行交换的地方逐渐固定了，聚集的人多了，就有了市，后来又建起了城。

三是因为社会分工：随着社会发展逐渐出现社会分工。一部分人专门从事手工业、商业，并需要有个地方集中起来，进行生产和交换，所以就产生了城市。

城市形成了，我们再来看看城市里是什么样子的。

城市规划的目的是为了满足城市里居民的需要。你在城市里住着，不可能总在家里宅着——你要出城走亲戚，得去集市买东西和卖

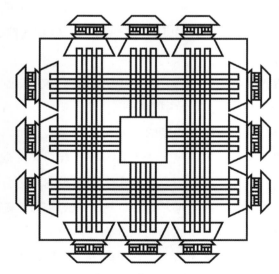

根据《考工记》绘制的王城图

东西，得去看戏、祭拜祖先、游玩，还得赶个庙会看看哪家姑娘好看，这些都得在城市里活动。

前面说过，春秋时期，有一本记载城市营建及手工艺的官方专著《周礼·冬官·考工记》，里面有记载当时城市的描述。这种城市规划对后世的影响，可以说是教科书般的存在。只要地形允许，大部分城市都是按这个标准来兴建的，只是规模不同。而且由于贸易的需要，不是"面朝后市"了，而是将"市"放到了宫城的前面。

我们再来看这个"九经九纬"，实际上，这就是一种"棋盘"式城市规划的方法。这种方法影响有多深远呢，你看看现在城市的街道就知道了。

中国古代城市居住区，唐代以前施行封闭的里坊制。"里"和"坊"，就是被棋盘式道路划分出来的街区。城市就像昨天我吃过的蛋糕一样，被切成了若干块方格，人们就生活在这一个个方形的蛋糕里，这种街区在汉代被称之为"闾里"。唐代白居易的《自蜀江至洞庭湖口有感而作》写道："龙宫变闾里，水府生禾麦。坐添百万户，书我司徒籍。"这里的"闾里"，就是指百姓聚集的地方。

到了隋朝，"闾里"被简称为"里"，到唐代又被改称为"坊"。唐代的"坊"非常独立，有坊门、坊墙，坊内还设有寺庙、学校、剧院等公共建筑，配套比现在的居住小区还完善。隋大兴城、唐长安城、东都洛阳等大型城市都是用这种方法管理街区。一直到北宋，这种里坊制才被打破。

北宋快速发展的商业冲破了坊墙的束缚，一部分建筑成为"沿街建筑"，集中的"市"虽然还有，但已经逐渐被沿街的店铺所替代。这种变化并不是偶然。当然，天下就没有偶然，那不过是化了妆的、戴了面具的必然。可以这么说，宋代城市的组织由"面"变成了"线"，由"内向"变成了"外向"。从宋代的汴京到元大都，再到明清北京城，城市的规模逐渐扩大，但这种开放式的街区理念一直被保留下来。

8. 如何欣赏一座唐代建筑：寺

　　北魏太和十九年（495），孝文帝为供奉印度高僧跋陀尊者，在与都城洛阳相望的嵩山少室山北麓敕建寺庙，取名"少林寺"。虽已经历六百多年风雨，少林寺依然是中原少有的巍峨大寺。

　　中原寺庙的外门，叫作"山门"，又称"三门"，由并列的三扇木门或石门组成。中间一扇大门，两旁两扇小门，即"空门、无相门、无作门"，象征佛教中的"三解脱门"。像少林寺这种大寺，并不只是简单的三道木门，而是将山门盖成了殿堂式，也就是像三间房屋一样，屋顶、正脊、鸱吻一应俱全。

　　少林寺位于嵩山五乳峰下，因坐落于嵩山腹地少室山的茂密丛林之中，故名"少林寺"。

　　山门内就是少林寺的第一重院。只见院内古树参天，方砖墁地，正前方一间大殿，左右各有一座楼阁，飞檐斗拱，风铃摆动，虽已老木纵横，却依然庄严挺拔。

　　这左右两座阁楼，就是寺中的鼓楼与钟楼。寺院中僧侣的起居作息，都是根据寺中的"晨钟暮鼓"而定。早上鸣钟，以鼓应之，傍晚敲鼓，以钟应之，以示时辰。

　　正前方的大殿，就是寺中第一重殿——天王殿。这天王殿里，供奉的是东方持国天王、西方增长天王、南方广目天王、北方多闻天王等佛教四大天王、弥勒佛和韦陀菩萨。

　　后面的正殿就是大雄宝殿，是寺中僧众早晚集中修持的地方。大雄宝殿里，一般供奉释迦牟尼，而释迦牟尼的德号即"大雄"。佛具智德，能破微细深悲称大雄，大者，包含万有；雄者，摄伏群魔；宝者，乃三宝也，皆归此殿传持正法。

　　大雄宝殿正门五间，殿内三尊巨大佛像，供奉的是"三身佛"，也就是释迦牟尼佛的三种化身：中尊是法身佛——毗卢遮那佛，左尊为报身佛——卢舍那佛，右尊为应身佛——释迦牟尼佛。大殿两侧供奉十八罗汉佛，即宾头卢突罗奢（"坐鹿罗汉"）、迦诺迦伐磋（"喜庆罗汉"）、迦诺迦跋厘惰奢（"举钵罗汉"）、苏频陀（"托塔罗汉"）等十六位罗汉与大迦叶、君屠钵叹二位尊者。

中国古代的寺院，是传统建筑风格的最佳载体，也经常是武侠小说中无数精彩故事的发生地点。从字面上看，"寺"字是"持"的本字，篆文"寺"字的上面是"止"字，表示不动，下面是"又"字的变形，表示持握，加在一起是表示持守、维护、控制的意思。秦代把都城接待官员的地方为"寺"；汉代开始，将接待高僧的地方称为"寺"。

我们在各地旅游的时候，见到过各式各样的楼阁、庙宇、陵寝、宫殿，但大多是明清时期建造的。年代越早的中国古代建筑留存下来的越少，而唐代能保存到现在的完好建筑更是以个数计了。

寺（篆文）

从中国古建筑留存的历史上看，由于宗教的原因，寺庙的建筑往往会得到持续的修缮，留存下来的机会就会比一般的民居大一些。我们唐代留存下来仅有的几座建筑，都是和寺庙有关。其中最有名的，就是佛光寺和南禅寺的这两座大殿了。

那么，当一座唐代建筑或仿唐建筑摆在你眼前，我们怎么去欣赏她呢？

1937 年，正在研究中国古代建筑的梁思成和林徽因无意中看到了一本画册《敦煌石窟图录》，根据里面的一幅唐代壁画《五台山图》，发现了位于五台山五台县的唐代建筑——佛光寺东大殿。这座建于唐大中十一年（857）的大殿让梁、林欣喜若狂。在这之前，一些日本学者已经断定中国境内没有唐代建筑，而东大殿的发现推翻了那些日本学者的诊断。

经过仔细勘察，梁、林二位学者更是惊喜。这座大殿不但是一座保存完好的唐代建筑，而且还在其中发现了唐代的雕塑、壁画、书法，难怪梁思成称其为"中国第一国宝"。

通过大殿北面的梁上所刻"佛殿主上都送供女弟子宁公遇"的字迹可知，佛光寺是一个叫宁公遇的女子出钱修建的。在殿内的角落还塑有宁公遇的等身坐像。

如何欣赏一座唐代建筑？佛光寺东大殿是最好的教材。先来看我们能看得见的。

我们以前说过，越是年代久远的中国建筑，斗拱就越雄大，补间铺作越少。东大殿的外檐斗拱层高差不多是柱高的一半，是典型的唐代作法。东大殿柱头铺作为"七铺作双杪双下昂"，补间铺作一朵，加云拱，是典型的唐代作法。

唐代建筑的另一个特点就是屋顶出檐深远，起伏平缓，不像明清建筑那么陡峭。这也是最容易辨别唐代建筑的一个特点。东大殿的出檐接近四米，是中国古建筑中的翘楚。

外檐柱越向外越高，使两边屋檐微微起翘，这种做法称为"生起"。唐代建筑的阑额是不会冲出柱头的，这一点也是唐代典型特点。东大殿面阔七间，中间五间是板门，两尽间为最简单的竖向木条装饰的直棂窗。内部的天花，并不是我们现在常见的明清建筑的大方格平棊（音棋）天花，而是采用小方格不施彩画的平闇（音暗），这些都是唐代建筑的典型特点。

看完了能看见的，我们再来看看不那么容易看到的。

当年调查研究东大殿的时候，梁思成爬到了屋顶平闇的上面。除了数以万计的蝙蝠和臭虫之外，他惊喜地看到了一种最能代表这座大殿建造年代的结构——只用大叉手而不用蜀柱的做法。叉手是在平梁之上，以"人"字形结构支撑屋脊的梁架。仅用大叉手而不用蜀柱是唐代建筑的特点，唐代以后的建筑，宋辽时期用蜀柱也用叉手，明清时期只用蜀柱而不再用叉手。

东大殿的平面柱网分布由内外两圈柱子形成，也就是宋代《营造法式》中所说的"金箱斗底槽"。在柱子的上面就是大殿的梁架。唐

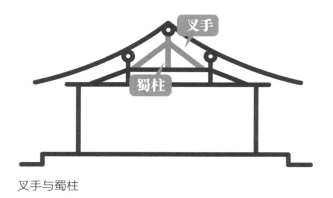

叉手与蜀柱

宋古建筑中，把使用斗拱的抬梁式建筑分为"殿堂作"和"厅堂作"。在宫殿、庙宇等高级建筑上，一般使用"殿堂作"，也就是内外柱等高，使用斗拱与梁枋组合，并使用平闇作为屋内天花，这也是东大殿所用的方式。

唐代是当时世界上最强盛的帝国，梁思成先生称这段时间是建筑史上的"劲豪时期"，建筑艺术更是达到了后世难以企及的高峰。虽然现存的唐代建筑非常少，有明确纪年的只有四座半。但在仅存的这些唐构上，依然可以看出中国古代建筑匠师的伟大创造。

梁思成和林徽因发现了佛光寺东大殿后，马上怀着兴奋的心情投入了测量研究工作。不过他们万万没有想到，就在他们在佛光寺内紧张地工作时，五十公里外，还有一座更久远的唐代建筑，正在落日的余晖里翘首期盼。然而，因为种种原因，梁、林却错失了与它相会的机缘。

如果说佛光寺东大殿是中国古代建筑的"大哥"，那么这座更古老的南禅寺大殿就是大哥背后的扫地僧。虽然没有大哥那身厚实的肌肉和庞大的身躯，却经历过更多的岁月磨砺。小身板儿虽然不大，却依然精神矍铄地守护着一方父老乡亲。

南禅寺大殿始建年代已经没人知道了，重建于唐建中三年，也就是 782 年，公元 8 世纪。

782 年，阿拉伯帝国还被称为"大食国"；法国的查理大帝已经

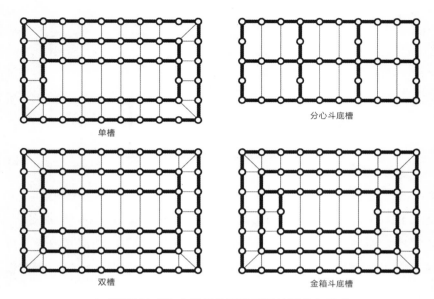

单槽

分心斗底槽

双槽

金箱斗底槽

宋《营造法式》中记录的四种平面柱网分布形式

建立了神圣罗马帝国，席卷欧洲；而曾经威风凛凛的大唐帝国，已如风中之烛，慢慢走向没落。

如果你生在此时，那么恭喜你，那场惊天动地的"安史之乱"已经结束，你依然活着说明运气还不错。在历史尘埃中灰飞烟灭的安禄山不但勾走了"干娘"杨贵妃，也带走了大唐帝国的大部分元气。而一年前爆发的另一场叛乱——"奉天之难"，使本就步履蹒跚的大唐更加举步维艰。

而此时，一座小小的南禅寺，忽然气定神闲地出现在了五台山幽深的山坳里。虽然世间战火纷飞、星来斗往，这座小小的南禅寺院，却如五台山大大小小的众多寺庙一样，依然香火鼎盛。

我经常会想，盛世如唐，会有多少雄伟宫殿、高台重楼、金装巨寺，可遗留至今的，却只剩佛光寺、南禅寺、天台庵、广仁王庙这些最普通的中小型庙殿。任你人前位高权重、鲜衣怒马，而最能长久的，却始终是蔬食淡饭、布衣清茶。

南禅寺被发现时，其实并不是今天这个样子。像这样的古老建筑，必然经过了后代一次次的修缮，才能"存活"到现在，这也是木结构建筑的一个弊端。在时光的啃食和吞噬下，古老木构的筋骨不再硬朗，曾经细腻的肌肤也逐渐老皱。于是，一次次的保养和大修成了延续这位老人寿命的唯一方法。

不得不说，过去古建筑维修时存在一种理念，就是一定要"恢复历史原貌"。虽然经过专家的考证和研究，可以尽量将建筑复原到当初的那个样子，却也将历朝历代维修时的年代印迹一并抹去，很难说孰对孰错。

南禅寺在维修时存在着很多争议，包括大叉手中蜀柱的存留、屋顶坡度的复原、壁画保存以及配殿的拆除，等等。在古建保护和维修这一课题上，我们还有很长的路要走。嗯，这个话题延续下去未免太沉重，还是来看建筑吧。

南禅寺大殿面阔、进深均为三间，平面近方形，建于一米多高的台基上，殿前筑月台。屋顶形式采用单檐歇山顶，梁架系统为"四椽栿通檐用二柱"，殿内无柱，屋顶全靠十二根檐柱支撑。檐柱之上用斗拱承托屋檐，无补间铺作。柱头斗拱五铺作，双杪单拱偷心造。窗棂采用唐代普遍使用的"破子棂窗"，断面为三角形。鸱吻是按同时代建筑为参考的唐代鸱吻复原。

当然，如果你是生活在唐德宗时代的一位臣民，当你在一个闲暇

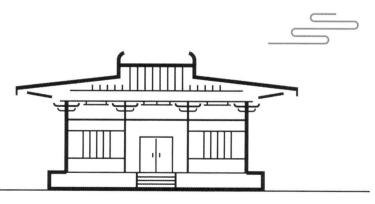

南禅寺大殿

的午后，在五台山的幽静山寺里拜佛祈福时，大概不会对上述那些建筑术语有什么感觉，也不会对这些寺庙建筑上的柱梁和斗拱多看一眼。

毕竟你是来拜佛的。

南禅寺大殿中的十七尊唐代佛像，虽然不似当年在你眼前熠熠生辉，金光灿灿，却也是穿越了一千多年的时光，躲过了无数战乱和人祸，最终才落脚在了这个小小的南禅寺院中。他们面容安详，正身端坐，千年时空在他们身后退去。我仿佛看到了他们在穿越时间的隧道中，寻找出口。

他们结"说法印"的手掌微微颤动，头上的肉髻反射远处的亮光。他们乘坐这座木制的时空飞船横空而至，所带的行李只是满身的尘埃，与心中的不染。

9. 中西建筑有哪些不同：木

这一节我们来讨论一个大问题。

我们聊了那么多中国古代建筑，那么中国建筑和欧洲的古代的建筑，到底有什么不同呢？

从世界建筑史的角度来看，世界上曾有七个独立的建筑体系，其中，古埃及、古代西亚、古代印度和古代美洲建筑体系都已中断，只有中国建筑、欧洲建筑、伊斯兰建筑被认为是到今天仍然发挥重大影响力的世界三大建筑体系。其中又以中国建筑和欧洲建筑影响最大，流传时间最长。

曾几何时，中国建筑在很长时间里不被世界建筑学家所认同。

在英国建筑师弗莱切曼所写《比较法世界建筑史》的那棵"建筑之树"里，将中国建筑和日本建筑放在了早期文明的一个次要的分支里。当然，让一个外国老头儿理解"天人合一""虽由人作，宛自天开"这些中国建筑中的文化意境显然是不现实的，中国建筑与西方建筑确实有着完全不同的风格。最显著的不同，也是我们最容易看到的，那就是建筑材料的不同。

在西方建筑几千年的传统中，石头始终是一种最重要的建筑材料。那些屹立在欧洲大陆上的诸多神庙、斗兽场、教堂，无一不是用石头垒砌而成。

而我们熟悉的中国建筑，以及起源于中国的日本、朝鲜建筑体系，却是以木材作为主要材料。那些从各朝代流传至今的中国古老建筑，那些有上千年历史的寺庙、楼阁、宫殿、佛塔，都是在木材的骨骼上，生长出覆盖着年轮的筋骨。

中国建筑为什么爱用木材这个问题，其实是个老问题了，很多建筑牛人都回答过这个问题。概括起来，有以下三个原因：

第一个原因，自然环境。就像"木"这个字，不管是甲骨文还是金文，甚至现代的宋体字，"木"字都是一棵树的象形，代表着木头这种建筑材料的来源。在古代，我们国家曾是个多林国家，森林覆盖率甚至超过 50%，这种多森林的自然环境一定会影响到古代建筑营造的材料选择，进而影响整个中国建筑史的发展。

木（甲骨文）

第二个原因，建造目的，也就是这个建筑是给谁建的。简单地说，中国建筑是给"人"住的，而西方建筑是给"神"住的。可以这么说，整个的欧洲建筑史，就是一部宗教史。西方最伟大的建筑，无不是为了满足宗教目的。各种神庙、教堂都是动辄上百年的建造时间，因为"神"是永恒的嘛，所以不着急，慢慢建。

而中国的建筑史，也可以说是一个朝代更迭的毁灭史。

从来没有一个国家像中国这样，你方唱罢我登场，朝代更替络绎不绝。而各朝代帝王上任后的第一件事，就是把上一个朝代曾经存在过的痕迹狠狠抹去，在废墟上重新建立一个新世界。而要满足这种快速重启的模式，在建筑上就需要快速建造、快速完工、快速使用。你总不能让皇帝住在临时帐篷里嘛，所以木材这种易开采、方便运输、加工简单的材料就是最好的选择了。

当然，在上千年的建造历史中，工匠们也逐渐发现木材的其他好处，比如木材自身的弹性和韧性，大大提高了房屋的抗震、抗风的性能。而木材料在结构上的灵活多变、木材的大尺度等特点，又使建造超大建筑成为可能。

而西方建筑的石材因为自身的重量和尺度等问题，使欧洲建筑的墙壁成为整座建筑的主要承重部位，这又使在墙壁上开设的门窗与墙壁承重形成了一对矛盾。所以在崇尚"高、尖、直"风格的中世纪，哥特式建筑的开窗都非常小，室内采光不足，而且高耸的墙壁外面，还要建筑一圈"飞扶壁"来"扶"住外墙，以防过高的墙壁被自身的重量压倒。

第三个原因，文化理念。前两个原因虽然很重要，但其实还都是从实用出发，而真正的原因，则藏在中国特有的文化理念和哲学思想中，也就是这种选择的理论依据。

中国自古是个农耕民族，人们以农业为主要的经济方式，每天在田地里的耕作。和自然的和谐共生，形成了中国人对大自然和有机材料的热爱。中国建筑最核心的理念就是"天人合一"，讲究人和自然的和谐。而木材这种纯天然的材料，就成了中国人建筑房屋的首选。而西方人在与自然的关系中强调"人定胜天"，认为人是世界是主人，这一点看看大量的好莱坞英雄电影就可以知道。所以西方人选择石头这种坚硬的材料，认为人可以通过努力征服大自然。

虽然中国建筑选择了有生命力的木材作为主要材料，但石头材料也在中国建筑里经常看到，但一般是用在台基、石桥、城墙和陵寝建筑里，反正是用在不给人住的建筑上。

中国建筑根据自身的特点，选择了最适合的材料，但这种选择恰恰造成了我们最不愿意看到的结果：和西方建筑相比，中国木构建筑的传世和留存少得可怜，唐代以前的建筑实物只有石窟、佛塔、石椁等石制建筑，而西方大量的石材建筑完好保存到了今天。这固然有中西方历史和观念上的不同，但石材与木材这两种材料本身的特点却无疑是最重要的原因。

中国和西方的古代建筑的不同，不只表现在材料的选择上。还有一个更重要的原因，那就是中西建筑师在空间理解上的不同。

先来看西方的传统建筑，大多数采用垒石结构，一层层石头堆上去，围成屋子。这也就强调了墙的重要性，重量全是墙在承担。这样就形成一个结果：西方传统建筑强调的是建筑本身，着重于建筑本体的刻画。在高大的立柱上，在厚重的墙壁上，在穹顶和山花上，无不雕刻着精美的神像与花纹。几乎每一个西方传统建筑都是一件精美的雕塑作品。

相对于西方对建筑实体部分的看重，中国传统建筑更加看重建筑内部的"空间"。

中国古代有建筑师吗？有，也没有。

中国古代的建筑师，就是文人或官员。由他们安排建筑的空间、布局、功能，再由工匠们去建造建筑的梁架结构、斗拱柱枋、飞檐翘脊、藻井彩绘。虽然在建筑实体上，中国建筑也是雕梁画栋，遍布砖雕彩绘，并不亚于西方建筑的雕塑壁画，但和西方建筑相比，中国建筑更加看重在空间布局上的特点。

中国古代建筑的空间布局讲究封闭与对称，用围合的群落式布局表现建筑整体风格，很少有单体建筑的出现。中国古代的著名建筑，如皇宫、寺庙、皇陵、民间四合院，也无一不是讲求群落式的布局，在地上一个院一个院地摊开。

而西方传统建筑则"占据了天空"。

虽然也有一些次要的房舍，但总体来说，西方传统建筑强调的是单个的主体建筑。而且在高度上，尽量建造得高大威猛，气势雄伟。尤其是在西方建筑史里占据大部分篇幅的宗教建筑，更是直插云霄，动辄上百米高，以此来放大凡人与神的距离，表现神明高高在上的无上权威。

中西建筑还有一个重要的区别，就是对于园林的不同理解。

我们划分中国的传统园林种类，一般按地域分为"北方园林""江南园林"和"岭南园林"。由于中国地域广阔，南北文化差异明显，所以不同地域的园林可能造成植物种类、园林布局和建筑风格的极大区别，但中国建筑思想的核心从来没有变过。中国传统园林的布局特点，一般采用"曲径通幽""步随景移"的方式，这是中国人特有的"寓言假物，不取直白"的处世哲学，讲究内敛的含蓄美。另一方面，就是对自然的敬畏，看重人与自然的和谐共生，推崇"虽由人作，宛自天开"的效果。

而西方的古曲园林，讲求平直、开阔、规模宏大，一览无余，在经过人工精心的修剪之后，植物呈现出不同的曲线和韵律。观赏西方园林的方法，是在园林内部找到一个"制高观赏点"，一般在园林旁宫殿的观景阳台上。站在这个点上，整个园林尽收眼底，气势恢宏，震撼人心，这就是和中国传统园林"移步异景"的含蓄美学理念最大的区别和不同。

总的来说，中西传统建筑有太多不一样的地方，有地理、历史原因，也有建造技术和文化理念上的原因。最终中国古代的建造者选取了木材作为主要建筑材料，木构建筑成为中国传统建造技术的载体，这个"木"字，也成为了承载中国古代几千年营造技艺的最佳符号。

10. 中国建筑的高度：台

这一节我们来聊一聊，中国传统建筑的高度问题。

在大多数人的印象里，中国的古代建筑大多是占据着地面，而西方的建筑，则大多占领着天空。比如，中国最典型的合院式住宅，就是一个院接一个院，是往横宽和纵深处发展，而西方最著名的教堂，往往是哥特时期留下的高耸入云的冲天建筑。

是外国人比我们更先进？他们比我们更掌握盖高层建筑的技术？当然不是。

举个例子，建造于 12 世纪（1174）的法国的比萨斜塔，高度为 54.5 米，而建造于 11 世纪（1065）辽代的中国山西佛宫寺释迦塔，也就是应县木塔，高度是 67.3 米。

其实，中国古代建筑从来没有放弃过天空，而且往高空发展的努力一直在继续。而中国建筑追求的高，与西方建筑的高，可以说是有本质不同的。西方建筑在高度上，曾经有过辉煌的历史，最著名的就是那些哥特式的大教堂。西方建筑的高，是着重于建筑本身的高度，那是为了通过建筑本身的体量和高度，达到让人崇拜的宗教目的，其实并不是想让人爬到那些高高的建筑上面去。

而中国建筑的高，是为了把人送上去，从而在高处进行一些活动，所以"欲穷千里目，更上一层楼"，那种高度，是为人准备的。

中国建筑往高空发展的主要手段，往往是从台基开始。将台基不断加高，使建筑的整体高度增加。而"台"到最后，竟然也变成了一种独立的建筑形式，这也算是没白当绿叶吧。

老子曰："九层之台，起于累土。"篆文的"台"字，是一个高字省略了"口"，再加一个代表房屋的"至"字。高处的房屋，这个解释也是实至名归了。

作为使建筑增高的基础手段，"台"其实是有很多种含义的。其一，就是我们经常看到的建筑的基座。中国古代的单体建筑基本上都是建造在一个基座上的，这个基座就叫作"台"。其二，"台基"就是建筑物本身的一部分。比如大明宫含元殿，它下面的台基部分就不是简单的一个基

台（篆文）

座了，而是层层叠叠的成为了建筑本身。其三，就是将建于"台"上或利用"台"而构成的整个建筑群通称为"台"。秦始皇的"琅琊台"，汉武帝的"柏梁台"，应该都是一组庞大的建筑群了。其四，就是"台"也作为一种独立的建筑形式存在。《尔雅》中写"四方而高曰台"，大概就是这种建筑。

虽然现在我们看到的中国古代建筑，大多都是单层的，但那并不代表中国古代的建筑没有向高空发展的野心。甚至可以说，中国建筑经历过一个狠命向高空发展的时期，也就是崇尚"台"的时代，大概从商周晚期开始，在秦汉时期达到了高峰。中国古代的高层建筑，起源于"台"，兴盛于"台"，可以这么说，也许汉代的长安和洛阳，就是一个高台林立、高层建筑鳞次栉比的城市。

"台"这种建筑，曾经是比"宫殿"更加重要的国家象征。战国、秦汉，是"台"发展到高潮的时代，几乎所有重要的建筑都是叫作"台"的。楚筑"章华台"，赵建"丛台"，长乐宫有临华台、神仙台，曹魏邺城也是"西北立台，皆因城为基址，中央名铜雀台，北为冰井台，西台高六十七丈，上作铜凤，窗皆铜笼，疏云母幌，日之初出，流光照耀"。

你看，那时候"台"是数不过来的。

中国建筑中的"台"，起源得很早。从现在发掘的商代早期遗址二里头文化和商代晚期的盘龙城遗址来看，当时大型的宫殿建筑都是建在高大的台基上的。那为什么"台"这种不易建造的大型建筑，却发展得那么早呢？

我们想想古代西方的金字塔、巨石阵等巨型建筑，也是出现得很早。在没有起重机和吊车的古代，建筑物越往高处盖，建造难度是呈几何级数增加的，那怎么办？只有一种办法：技术不够，人来凑！可以说，只有在古代的奴隶社会，才能聚集起成千上万的劳动力来共同建造一个建筑。而在秦汉以后，虽然中国进入了封建时代，但奴隶社会的建筑方式仍然继承了下来。

我们一直在说"台"，而还有一类建筑，也是古代高层建筑的代表，和"台"差不多，那就是"观"。

我们现在一提起"观"，首先想到的就是道家的专属建筑——道观。其实在古代，"观"并不是道家专有，而是一种高台建筑。《释名》写有："观者，于上观望也。"观，大概就是起源于古代的瞭望台。汉代长安就兴建了不少"观"，《汉宫殿名》中有临仙、渭桥等二十四"观"，洛阳也有"十八观"。"观"这种建筑，最初就是为了登高远望而建的，你要是生活在《洛阳记》中的汉代，走在街道上，两边高台高观林立，那感觉不亚于走在纽约的高楼大厦中。

说到高台建筑的起源，不管是"台"还是"观"，或者"榭"，都是从古代的军事建筑演化而来。这种建筑在军事上叫"橹"。《洛阳记》中就写道："洛阳城，周公所制，东西十里，南北十三里，城上百步有一楼橹……"这里的"楼橹"，就是一种在军事防御中，起到"登高远观"作用的建筑。那是一种建在高处的瞭望台，起到军事警戒的作用。在现在遗留下来的很多长城的敌楼上，还保存有这种"楼橹"。

在汉代以后，由于建筑上技术的发展和国家制度的转换，逐渐减少了依靠大量人力堆土营建的高处建筑了。木结构的发展使得利用建筑结构本身搭建高台成为可能。虽然由夯土向木结构转变的过程是艰难的，但中国古代人民的智慧是无穷的，这种"由石到木"的转变竟然也过渡得非常精巧。

《世说新语·巧艺》中记载了魏文帝曹丕所造"陵云台"的过程："陵云台楼观精巧，先称平众木轻重，然后造构，乃无锱铢相负揭。台虽高峻，常随风摇动，而终无倾倒之理。魏明帝登台，惧其势危，别以大木扶持之，楼即颓坏。论者谓轻重力偏故也。"就是说，建造陵云台楼之前，先称过所有木材的轻重，使四面所用木材的重量相等，然后才筑台，因此四面重量不差分毫。楼台常随风摇摆，可是始终不可能倒塌。可魏明帝登上陵云台时，大概是台楼还在随风摆动，这可把魏明帝吓坏了。他下令用大木头支撑着它，可这一撑不要紧，大概因为四周的重量有了偏差，楼台一下子就倒塌了。

你说这魏明帝是不是吃饱了撑的没事干了。

在古代，还有一种高层建筑，那就是塔。

"塔"来源于古印度的一种佛教建筑"窣堵坡"，音译自梵文的 सतूप（stūpa）。这是一种供奉或收藏佛骨、佛像、佛经、僧人遗体等的点式建筑。汉代时传入中国，经过与中国本土建筑相结合，最终形成了中国式的"塔"这种建筑形式。

北魏洛阳城中的永宁寺塔，是皇家寺院永宁寺中的佛塔，据杨炫之《洛阳伽蓝记》记载，永宁寺塔为木结构，高九层、一百丈，百里外都可以看见。足见当时木结构技术的先进。

我们在前面讲过，中国建筑往高处延展的努力从未停止。那为什么到现在，高层建筑反而越来越少了呢？

由于木结构技术的成熟，高层建筑从堆土逐渐演变成用木材料建造。可这又出现了新的问题，那就是防火。高大的木结构引来了火神的青睐，时不时地出来刷一下存在感。大火对当时以木结构为主的建筑造成严重破坏，频繁的火灾以及大风、雨雪等自然灾害，使高层建筑频繁被毁。出于对安全的重视，人们逐渐就对高层建筑失去了兴趣。上面说的高四十九丈的北魏洛阳城中的永宁寺塔，就是毁于大火。

顺便聊一下这个永宁寺塔吧。

不得不说，永宁寺塔才是真正的中华第一塔。我们知道，现存辽代的山西佛宫寺释迦塔，塔高67米多，已经非常巍峨了，而永宁寺塔比释迦塔足足高出两倍有余。杨衒之《洛阳伽蓝记》里说：塔身高九十丈，塔刹高十丈，共计一百丈，超过272米。郦道元《水经注》中也说：从金盘底到地面共有四十九丈。北齐魏收《魏书》也说"高四十余丈"。

经过现代的勘测，永宁寺塔现在通常的说法是147米。

北魏是个崇尚佛教的朝代，永宁寺是当时的皇太后胡氏下旨所建，可以说是一座极尽奢华的皇家寺院了。而那座九层的宝塔，高耸入云，成为当时洛阳最醒目的地标，据说距离京城一百里远就能看得到。塔的中心竖立一根巨柱，从地下深处直贯顶部的塔刹，这让我想起电影《狄仁杰之通天帝国》中的那根"通天浮屠"。

中国传统建筑的高度问题，有历史原因，也有建筑发展和保护的技术原因。不管怎么说，现在中式的传统建筑，并不在高度上有过多的作为了。不过，这种发展却使中国建筑在空间、结构、材料、礼制上形成了更多自己的特点，最终发展成为了完整的中国建筑体系。

三　故宫往事

1. 故宫是怎样炼成的

北京故宫，又叫紫禁城，是明清两朝24位皇帝的皇宫。我一直想聊一聊这座宫殿，不光因为它是世界上现存的最大最完整的木构建筑群，也不光因为它雕梁画栋的宫殿建筑，更是因为在这里发生过许许多多有意思的故事。

这座皇宫为什么被建在这里？这就要从一个号称夺权野兽的猛人说起了。这个猛人，就是明代的永乐大帝——朱棣。

谋权篡位哪家强？且看明代朱燕王。自从明太祖朱元璋将皇位传给皇太孙朱允炆（建文帝），这位燕王朱棣就知道，逍遥的日子结束了，接下来就是血雨腥风的夺位之战了。

皇帝之位是我的，既然老爹没传给我，那我就自己来拿。

于是这位燕王通过招兵买马、装疯卖傻等一系列组合玩儿法，让建文帝放松了警惕，然后再打出"靖难"的旗号出兵勤王，也就是说你皇帝身边有坏人了，我要出兵去帮你料理了。这一个流程下来，既加强了兵力，又师出有名，再加上身边有姚广孝这样看热闹不嫌事儿大的主儿出谋划策，终于写下了中国造反史上教科书式的"伟大"篇章。

当燕王变成了明成祖，朱棣干的第一件大事就是——迁都。

其实迁都的想法早在朱元璋时代就考虑过，后来因为太子朱标去世，朱元璋也没心情弄这些事了。朱元璋把朱棣封为"燕王"，给了他个当北漂的机会，这一漂就漂了十几年，自然习惯了北方的生活。

迁都吧，去我工作过和战斗过的地方，妥妥的。朱棣想。

北京，当时叫北平，古代称作"燕"，战国时置右北平郡，西晋时改称北平郡，元朝在这里设都，称为"元大都"。

"我又回来了，这里才是我熟悉的地方！"所有反对迁都的大臣都已经被严惩，北京的皇宫也已经修建完毕，富丽堂皇的宫殿等待着这位新皇帝。从此，这座明清两朝的皇宫正式登上历史舞台。

这座巨大皇宫的设计者一定是一个聪明绝顶的人。

建文元年（1399），也就是明惠帝朱允炆登基的那一年，负责修缮皇宫的"木工首"蒯（kuǎi）富喜得贵子，取名蒯祥。这位蒯公子继承了老爸的光荣传统，在木工技艺和营造设计领域青出于蓝，在老爸退休后不但接替了"木工首"的职位，还被朱棣派到北京建造皇宫，官至工部侍郎。由于他技艺高超，朱棣称他为"蒯鲁班"，也就是现在公认的故宫设计者。

皇宫门前威武的石狮并没有护佑这座宫殿，就在朱棣刚刚入住这座新家几个月的时候，一场"天火"将皇宫的奉天、华盖、谨身三大殿通通烧毁（今天故宫的太和、中和、保和三殿）。

"都是迁都惹的祸。"一众大臣趁机纷纷上书，陈说迁都的种种不利之处。而朱棣的回答更干脆："谁再叽叽歪歪，立刻斩首！"

在朱棣的坚持下，北平成为了明代的大都。

永乐二十二年（1424），明成祖朱棣在北征蒙古的途中去世。他一死，继位的明仁宗朱高炽立刻就有回都南京的打算。毕竟这位长期生活在南方的前太子爷习惯了南京的富庶生活，北平那种鸟不拉屎的鬼地方怎么待啊。

但历史没有给他回都南京的机会，在位十个月后，明仁宗去世。最终，经过了仁宗、宣宗的仁宣盛世，明英宗朱祁镇确立了北京的京都地位，实现了他祖爷爷朱棣的愿望，也确立了紫禁城"皇宫"的地位。

紫禁城从永乐四年开始，仿照南京皇宫的形制修建，到明英宗朱祁镇当政的正统年间才告完工，到嘉靖年间又进行了大规模的扩建，最终形成了今天的规模。经历了"土木堡之变"的朱祁镇可能不知道，虽然"北京保卫战"保住了北京和大明江山，但住在皇宫里的那个人却一代比一代更加昏庸。

在紫禁城天安门城楼的南、北两面，各有两对华表，每只华表上都有两个小翅膀，上面还蹲着一只小兽，几百年来一直庄严地审视着这片宫殿。

华表其实是一种古代的图腾。这两对华表，每根表身雕有一龙，下面有须弥座柱础托载，上面横插白云石翅，最上面是圆形承露盘。蹲在上面的小兽来头可不小，这位爷是龙的儿子"吼"，天安门南侧那两只叫"望君归"，北侧那两只叫"望君出"。它们蹲在华表上是有自己的任务的。相传每当皇帝外出游玩不归，天安门南侧那两只"望君归"就会朝天吼叫，大概意思就是：老大，别玩儿了，该回来上班了！而当皇帝在后宫玩乐不出时，北侧那两只"望君出"又说话了：老大，快起床，该上朝了！

华表

望君归，望君出，望不回无道君主亡国路。明代后期，奇葩皇帝接踵而至，有专注于炼丹事业的，有做木工上瘾的，有三十年不理朝政的。明代最终将在这些仙人、木匠们的领导下，走向灭亡。

崇祯元年（1628），一个负责照看马匹的马倌儿因弄丢了公文而被迫下岗回家。在中国历史上，凡是养马的似乎都不好惹，三国时期有个叫司马懿的马倌儿，后来成为三国时代的终结者。而我们这位下岗的马倌儿，结束了明代276年的统治。

这个马倌儿叫李自成。

2. 故宫的面子：三大殿

1644年。明崇祯十七年。

这一年是真正的多事之秋。而这些多出来的大事小事，每一件都足以让大明代这艘大船重新改变方向，驶向未知的领域。这一年，紫禁城也迎来了它的新主人。

现在那个马倌儿李自成已经不是马倌儿了。他的名片上印着一长串儿头衔，什么"明末农民起义领袖""闯王""新顺王"，通过他的不懈努力，自主创业成功，成立了"大顺"政权，再也不用听前任老板高迎祥的命令了。

这一年的三月，李自成终于坐上了龙椅，而崇祯皇帝也在一棵歪脖树上完成了他人生中最后的奋力一蹬。而逼着皇帝上吊的李自成却没有得到丝毫松懈的机会，他必须磨快刀枪，重新上马，因为他知道，更凶狠的敌人来了。

山海关，有"天下第一关"之称号，中国历朝历代都喜欢在这个地方掐架。李自成率领的大顺军与明总兵吴三桂的军队就在这里死磕。吴三桂兵败后，终于按捺不住想夺回媳妇儿陈圆圆的迫切心情，投降了清廷，并在阵中剃了头，想想也真是拼了。

吴三桂与多尔衮合兵击败了李自成，大顺军溃败。而李自成在退败前还不忘回北京登基作了把皇上，满足了一下自己的小小虚荣心。在登基的转天，李自成做了两件事：第一，率军退出北京，往西安撤退；第二，烧毁紫禁城。

朱棣建造紫禁城时，光准备材料就用了十年，修建用了四年，明代历代皇帝都对这座皇宫进行修缮。而李自成想效仿项羽火烧阿房宫，完全没有环保意识，也来了个火烧紫禁城。史料记载："宫殿悉皆烧尽，唯武英殿岿然独存，内外禁川玉石桥亦宛然无缺。烧屋之燕，……蔽天而飞。"可见李自成这把火烧得还是够彻底的。最终清兵由吴三桂引入关内，占据北京，顺治帝登基，从此开始了清王朝的统治，而紫禁城这所大宅子的主人也由姓朱变成了姓爱新觉罗。

说起名字，紫禁城的这个"紫"字可是大有来头。古人为了研究星空，把若干个恒星分为一组，每组称作一个"星宫"，类似我们现在的"星座"概念。而在这些星宫中，有三十一个特别有名，称为"三垣二十八宿"，加上代表四个方位的"青龙、白虎、朱雀、玄武"，天空基本就被这些星宫占据着。

提起二十八宿我们好像更熟悉一些，《西游记》里总出现的那几位，什么奎木狼啊昴日星官啊，总之就是一堆动物。而"三垣"，被称为太微垣、紫微垣和天市垣。这个带"紫"字的紫微垣位于北天正中，相传是天帝居住的地方。古代很多义正词严的骗子们常说"吾夜观天相，见北天有帝星出现"，或者"吾夜观天相，见紫微星暗淡无光，掐指一算，宫内必有妖孽作乱"云云，这"观"的，就是代表皇宫的紫微垣。

皇宫不是一般老百姓来的地方，别说进去，就连宫墙附近都是禁地，谁要敢去那儿溜达，被抓住了可别嫌皇上家刀快。要不叫紫"禁"城呢，都告诉你了你还不禁。

我们先来看看紫禁城里最重要的地方，也就是皇上老爷子在"某个时段"最喜欢的地方——三大殿。

我这里说的"某个时段"，指的就是皇上登基的时候。明代的皇帝有的是多年不上朝的，二十年不理朝政那都是起步价。可是登基的时候，无一不是欢天喜地，笑逐颜开。那当然了，当个皇帝得经过多少勾心斗角惊心动魄的场面，好不容易修成正果了能不高兴吗。

太和殿、中和殿

保和殿内部

三大殿，也就是明代的"奉天殿、华盖殿、谨身殿"，清代称为"太和殿、中和殿、保和殿"，主要任务就是承接各种皇家典礼。三大殿在紫禁城的中心位置，去过故宫的小伙伴都知道，想进三大殿要先爬上一个三层的台基，这个台基有八米多高，修建成一种叫作"须弥座"的形式。

　　这个"须弥座"听起来是不是很厉害？"须弥"指的就是佛教中的须弥山，在佛教传说中是世界的中心。用这么厉害的一座山垫脚，显示佛的神圣伟大。"须弥座"最早在佛像、佛塔等佛教建筑上使用，后来发展成建筑上常用的一种构件，有的上下有莲花造型，中间为卷草纹。这种上下宽中间窄的造型很受人们的喜爱，毕竟人人都喜欢小蛮腰嘛。

　　在须弥座的上方，是一个龙头形的装饰物，称为"螭首"。"螭"是一种没有角的龙，传说中龙生九子里就有"螭吻"，大概都是姑表亲。煮豆子的曹植曾作《桂之树行》，里面有一句"上有栖鸾，下有蟠螭"，说的就是桂树下有这个小宠物在休息。

须弥座与螭首

上到大三殿的台基上，来到太和殿前。有两件国之重器就在眼前。一为日晷（音鬼），一为嘉量。日晷，是古代计算时间的计时器，用倾斜的石盘和垂直于石盘的指针观察太阳的投影方向，从而计算出精确的时间。这么聪明的方法只有中国古人才想得出吧。

嘉量是古代的标准量具，是全国各地称量五谷等容器的标准，放在一个称为"嘉量楼"的石亭子里。嘉量和日晷一样，都是国家的统一和集权的象征。时间和度量都是皇家统一，别人就不要想着我的江山社稷了。

三大殿中，最南面的就是紫禁城中单体最大的太和殿了。

太和殿可以说是集万千宠爱于一身。它是这座皇家宫殿群中身份最尊贵的一座大殿，浑身上下都闪耀着"我最牛"的光芒。它的屋顶叫作"重檐庑殿顶"，四面有坡而且还是两层，在中国建筑屋顶类型中等级最高。屋顶下面的梁枋上，画着清式彩画，名为"金龙和玺·双龙戏珠大点金"，在清式彩画中等级最高。太和殿的正面有十二根

日晷

嘉量

红漆大柱，这也说明了它的间数：面阔十一间（中国建筑中的间数指的是两个柱子之间的空间），这也是紫禁城中最宽大的宫殿。柱子后面就是格扇门，在格扇门的格心部分，使用的是我们之前讲过的"三交六椀菱花格心"，在格扇门装饰中等级最高。

我们之前也讲过在中国所有的建筑中，脊兽最多的就是太和殿了，不算最前面的骑凤仙人和最后面的戗兽，中间共有十个脊兽。在紫禁城里，除了太和殿，其他的大殿最多也就有九个脊兽，分别是：龙、凤、狮子、天马、海马、狻猊、狎鱼、獬豸、斗牛，而太和殿多出来的这只就是"行什"。这个行什可以说是寄托了古代人对紫禁城防火防雷工作的全部想象。

民国时期的太和殿

在太和殿广场的左右两侧，各有一座楼阁建筑，称为体仁阁和弘义阁。这两座侧殿在建筑样式和格局上一模一样，就像一对双胞胎。明初称为文楼、武楼，一个是皇家考场，一个是国家的银库。被称为文楼的体仁阁，在清代前期就经常举办考选官司员的活动。到了康熙十八年（1679），索性开了一个正常科举之外的考试，名叫"博学鸿词科"，专门招募一些特殊人士。是什么特殊人士呢？在清军刚入关时，一些明末的饱学之士坚决不为清代效力，宁肯回家种地也不做清代的官。但随着大清代江山的稳固，这些人也渐渐放弃了原先的想法，接受了现实。而"博学鸿词科"就是专为这些人准备的。

虽然说是考试，但考生都是才高八斗，学富五车的大牛。不过，真正牛的还不是这些考生，而是主考官，因为主考官就是——皇帝本人。其实，考试过程只是走走形式而已，真正的目的有两个，一个是为国选才，另一个就是笼络人心了。

三大殿又被称为紫禁城的"前朝"，与作为"后寝"的东西六宫等内宫相比，多了许多威严和肃萧之气。明清两朝的24位皇帝，都是在太和殿举行的盛大登基典礼，而最后一位登上太和殿宝座的，是年仅3岁的溥仪。

刚刚还在回味着早饭的滋味，一转眼就被父亲醇亲王载沣抱上龙椅，小娃娃溥仪开始经历冗长的登基仪式，接受大臣们的朝拜。他看着下面跪着黑压压的一大帮人，听着一遍又一遍没完没了的繁文缛节。陌生的环境，陌生的一群人，听不懂的莫名其妙的话，这一切都让小溥仪感到惊慌和恐惧。经过短暂的沉默，小溥仪终于喊出了他的第一道圣旨：

"我要回家——！"

这一喊，满朝文武皆惊。而跪在龙椅下的载沣更是急得满头大汗。这么重要的登基大典上，皇上竟然要回家，太不像话了。身为皇上他爸，载沣是不是要管一管孩子了？急昏了头的载沣果然做出了一个满朝皆惊的举动，而这个举动竟然预兆了满清王朝的命运。

情急之中，载沣对不断哭闹的小溥仪说："皇帝别哭，就快完了，快完了！"虽然他说的声音不大，下面的大臣却听得一脸黑线。国家交给一个三岁的熊孩子，现在一个二愣子又一个劲儿地说快完了快完了。而大清代也不负众望地在三年后真的"完了"。

紫禁城太和殿，建成于明永乐年间。建成后九个月就被大火烧毁，后来在明清时代又多次被焚毁。现在我们看到的太和殿是康熙年间修造的，比起永乐建造的规模小了很多。

中国古代建筑是由柱子支撑起整体结构，因此墙体结构就可以十分灵活地变化，素有"墙倒屋不塌"之说。而太和殿内共有72根巨大的柱子支撑。在永乐建造紫禁城时，用的全部是名贵的金丝楠木。砍伐这种名贵树木的成本也是太高，有"进山一千（人），出山五百（人）"的说法。到了清代，康熙比他的前任们更会过日子，再加上楠木已经被砍伐殆尽，就用塞外的松木代替了。

走进太和殿，最抢眼的就是一根根巨大的红漆柱子了，而在整个大殿正中的六根金色大柱，更是把人的视觉中心全部吸引到了正中的基台和龙椅上。这六根大柱金光灿灿，每根柱上盘有一条巨龙，龙首面向宝座，有守护之意。这些柱子上的巨龙，并不是画上的，也不是刻上的，而是采用了一种"沥粉贴金"的工艺制作而成。这种工艺在我国已经有上千年的历史。"沥粉贴金"，简单来说就是将石粉用水调成面糊一样的膏状，放在有导管的皮囊里，用手挤压皮囊，"面糊"就从导管里挤出来，按照图样挤在柱子上。如果你看过给蛋糕裱花的话就更好理解啦。

等这个裱完花的"柱子蛋糕"干透之后，再贴上一层金箔，一根金柱子就做好啦。这层金箔也是大有讲究，一般情况下，一两黄金要摊成八百多平方米的大饼，这样薄的金箔才算最好。

古代帝王用龙来代表封建皇权，好像龙用得越多，越能显示自己正统的地位。太和殿作为最能代表皇权的祭祀场所，共有13844条龙。站在太和殿中，往上看巨柱擎天，往下看"金砖墁地"，太和殿中铺的地砖，经历六百年仍然乌黑油亮，不滑不涩，确实当得起"金砖"的美誉。

这种地砖虽然叫"金砖"，却并不是用金子做的。制作"金砖"的土来自苏州，经过复杂的一系列工艺，制成两尺见方的大砖，而质量必须达到"敲之有金玉之声而断之无孔"的程度。烧制这种砖的工艺也是极其复杂，稍微不合格就要全窑报废。

货船泊岸夕阳斜，女伴搬砖笑语哗。一脸窑煤粘汗黑，阿侬貌本艳于花。

这首《竹枝词》赞美的就是搬窑砖的女工。原本"艳于花"的妹子，虽然一脸"粘汗黑"，干着搬砖的体力活，却还是有说有笑，丝毫不输于男人。

太和殿内，最拉风的要数皇帝坐的宝座了。这个宝座在明代称为金台，清代称为御座。宝座安放在一个须弥座式的楠木台基之上，后面是金漆屏风，屏风上雕满条条金龙。整个座位是一个圈椅的样式，上半部是一个四出头官帽椅背，雕有六条盘龙，下半部是须弥座，前面放有脚踏。其实皇帝坐在这样的椅子上，舒适感是半点也谈不上，说不定还容易椎间盘突出——谁敢靠着椅背坐啊，硌就把你硌死。

皇帝宝座上方，悬挂着一个巨大的匾额，上面写着"建极绥猷"四个大字，当初是乾隆皇帝御笔。"建极"是指至高无上的君位，而"绥"是指车上的绳子，引申为安抚的意思，"猷"是指法则法规。意思就是顺应道统，承天而建立法则。我觉得这四个字其实想表达的意思是："可算轮到我了，我可是老天派来的，谁都别跟我抢！"

在皇帝宝座的前方，陈列着几对保佑吉祥的小宠物，有仙鹤和宝象，象征长寿和平安。而在最前面，设有一对仙兽，每只头上都长有独角，脚踩着一条蛇，看样子来头不小。这对神兽，就是传说中只侍奉明君的甪（音路）端。"甪"，就是"独角"的意思，"端"，就是"端正地长在头正中"的意思。甪端外形怪异，犀角、狮身、龙背、熊爪、鱼鳞、牛尾，脚踩飞蛇意寓能除奸扬善，象征吉祥如意，风调雨顺。

龙椅前另有三对陈设，宝象、仙鹤、香亭。宝象给人稳重踏实之感，象征江山稳定社会安定；仙鹤象征吉祥长寿，表示江山万代王朝永固；香亭用来盛放香料，"亭"字又有"停"的意思，表示皇帝天命永停于当朝。

在太和殿龙椅的正上方，层层彩画之间，有一个特殊的建筑构造，这就是中国宫殿建筑内部最华丽夺目的地方——藻井。藻井是宫殿建筑特有的一种天花装饰，而且只是等级到了一定级别或是皇帝经常光顾的大殿中才有，一般的宫殿里是看不见的。"藻"是指水藻类的水

寿康宫用端

生植物，代表水，"井"字是指二十八星宿中的井宿，主水。在满是木结构的中国古建筑中，防火是第一要务，所以才有了藻井这个镇压火灾的吉祥物。

太和殿的藻井是等级最高的宫殿藻井，结构非常复杂，共分为三层。最下面的是方井，中层是八角形，上面是圆形井。整体呈一个覆斗形。这三层藻井都用密密麻麻的斗拱撑起。古代工匠可以不用一根钉子，只用一个个细小的斗拱排列就能撑起巨大的藻井，绝对是个奇迹，同时也是"密恐"的恶梦。

在藻井正中穹隆圆顶内，雕刻着一条盘龙。龙俯首向下，口中含着宝珠，俯视整个大殿。这盘龙口中所衔宝珠有一个高大上的名字，叫作"轩辕镜"。这个名字取自轩辕星，是主雷雨之神。依然是那个理由：防火。轩辕镜在皇帝宝座的正上方。皇帝举行登基大典时，宝座上方要正对轩辕镜。传说如果皇帝不是正宗正统，轩辕镜就会落下，砸在这个不正统的皇帝头上。

民国时期，袁世凯搞复辟，准备在太和殿登基做皇帝。他听到了这个传说，似乎也觉得自己这个完全不正统的皇帝有点儿玄，这坐在龙椅上不就是等着被开瓢儿去的吗？于是，他想了一个笨办法。他不但将龙椅往后挪了3米，避开轩辕镜，还将皇帝宝座换成了一个高背的西式大椅。坐在这个椅子上登基称皇上，也算别有一番风味。

袁大皇帝只在那个背高腿短的西式大椅上坐了81天，就去找历朝历代的皇帝们报到了。就是不知明清两朝的皇帝祖先们会如何接待这位总统皇帝。后来专家们在故宫的库房里找到了已经破烂不堪的龙椅，经过一年多的修复才复原如初。

袁世凯死后，中国的军阀势力进入三国演义时期。其间，三大殿还曾经历过一场差点被毁掉的惊险。当时，国会的参、众两院议员整天打架打昏了头，竟然提议拆毁三大殿，不料却被一个人以一己之力保护了下来。

在当时实力最强的皖、直、奉三派军阀中，直系军阀吴佩孚逐渐掌握了大权，成为了中国最有影响力的人物。而当时的北京政府，不知是被外面的军阀混战搞晕了头，还是天天换总统换内阁折腾不开，他们觉得国会的会场太小，不够他们拍桌子扔鞋的，于是打起了故宫的主意。北京政府的官员们看故宫三大殿地方大，估计也想过把皇帝瘾，竟然想把国会搬到三大殿来办公。还有一种说法是：政府要拆了三大殿，在原址另盖西式议院。

想想看，在巍峨的紫禁城里，在黄色的琉璃瓦和红色的宫墙之间，突然出现一座西式建筑，杵在紫禁城的中心，这事要是实现了，北洋政府那些人的祖坟估计都会被开天窗。

听到这个消息后，当时北洋军阀中最有实权的吴佩孚立即做出了回应：想动三大殿？没门儿！吴佩孚从洛阳给当时的北洋政府总统、总理、内阁发去了一封"热情洋溢"的电报。大概内容就是：听说你们要拆了三大殿，出这个主意的人真是够损的，这完全是为了中饱私囊，把五百年的宫殿卖了换钱。你们没看见世界各国都在保护古物吗，故宫三大殿比世界上任何宫殿都要伟大，难道你们不怕被万国所耻笑吗？

吴大军阀的问候电文马上被多家报纸转载，政府和国会立即陷入了人民群众爱国热情的汪洋大海中，而政府也不敢再提这件事。最终，吴佩孚利用舆论的力量挽救了三大殿。

中国的一张最重量级的文化名片，险些被掏去心脏，想想也是后怕。到那时，就不是盖几个仿古建筑能了事的了。

3. 道光皇帝的哀思：武英殿

武英殿坐落在一个独立的院落里，前有武英门，后有敬思殿，东西配殿分别为凝道殿、焕章殿，院落东北有恒寿斋，西北为浴德堂。这个大殿在故宫诸殿中是位置最靠南的一座大殿，所以它占据了一个非常有利的条件，那就是金水河在它面前流过。

中国建筑讲究背山面水，谁家门前要有条河流过，那是相当气派，大可以防御外敌，小可以洗衣游泳，没事还可以钓钓螃蟹什么的。金水河从武英殿东面而来，拐了个弯从武英门面前流过。东面的金水河上有一座石桥，这座桥就是故宫里最古老的石桥——断虹桥。

断虹桥修建的年代要追溯到元朝。朱棣先生在元大都皇宫的基础上修建紫禁城时，这座桥就在皇宫的中轴线上，如今却在太和门与武英殿之间，可见现在朱先生的紫禁城与元大都相比，中轴是往东移了几十米的。

为什么说这座桥"大名鼎鼎"？其实出名的是桥上的某只石狮子。断虹桥的栏杆上立着不同形态的 20 只石狮子，其中东侧的南向第 4 只石狮子最为奇特。

在我们的印象里，桥栏杆上的石头狮子应该是很威武的，可这只

武英殿

捂裆狮

奇怪的石狮子却是一手捂裆，一手抱头，表情非常痛苦。

为什么会有这样的一只石狮子呢？这还要从道光皇帝的传说说起。相传清宣宗道光皇帝的儿子奕纬出言不逊、顶撞老师，那道光皇帝将儿子一脚踹倒，谁知却导致奕纬不久就去世了，让道光皇帝追悔莫及。

当然，这个故事只是个传说，断虹桥上之所以有这样的怪异石狮，只是由于当年的工匠没有见过真狮子，全凭自己的想象力创造的，后来又经过上百年的风蚀雨淋而自然形成。在这些石狮子里你还可以发现忍者神龟、异形、弗利萨等各位大伽的化身，有空去找找吧。

在断虹桥以北，有一片古树成林的地方，这就是故宫里著名的"紫禁十八槐"。相传是元代所种，可以说是故宫里"活的文物"。据《旧都文物略》记载："桥北地广数亩，有古槐十八，排列成荫，颇饶幽致。"明清两代，王公大臣们出入西华门都要路过十八槐，慈禧去颐和园来回也要路过这里。这片区域是偌大紫禁城里少有的空旷自然之地，小桥流水，古木参天，如果没有法礼管束，大臣们恐怕要纷纷来个草地野餐了。

十八槐，帝王宅，走了大元明又来。真龙东来临新日，乌鸦迁移槐做宅。

武英殿与故宫中轴线西边的文华殿相对，一文一武，相得益彰。武英殿面阔五间，进深三间，屋顶为黄琉璃瓦歇山顶，前出月台。在武英殿的西北角，有一座配殿，名为浴德堂。

顾名思义，这座建筑是洗澡的地方，也就是澡堂子。相传乾隆皇帝的一位妃子经常在这里洗澡。提起这位妃子，那可是大大有名。

她的名字叫容妃，也叫香妃。

香妃浴室的传说其实也是后人根据浴德堂的建筑风格而传，浴德堂浴室的异域风格还真能让人想起这个乾隆皇帝的回族妃子。在那个年代，这个浴室的供水系统是一个非常现代化的设计。在浴德堂西北角有一座井亭，从这个小小的井口打出来水，将水从水槽口灌入、通过水槽流过围墙之后到达浴德堂后面的水房加热，最终通过铜管流入浴室。

多么完美的设计！

这在当时绝对是领先于海内外的半自动热水传动系统，这么高科技的设计，竟然在我国元代就有了。浴德堂在明代是皇帝斋戒沐浴的地方，到了清代，武英殿改成皇家修书的御书处，浴德堂也就成了专门熏蒸纸张的地方。

武英殿真是个传奇的地方，李自成在这里登基称帝，康熙爷在这里擒拿鳌拜，道光路过黯然神伤，更有香妃娘娘的美丽传说。去武英殿参观的你，还会只看画吗？

4. 延禧宫火灾之谜：延禧宫

延禧宫，位于东六宫的东南角。在偌大的紫禁城里，这只是一个小小的院落。她本应与后宫中的其他十一个宫殿一样，是一个两进的独立院落，可历史的安排却使她成为了故宫中最与众不同的一个地方。

在古代，做皇帝爽吗？也爽，也不爽。

不爽的事可太多了，治理国家基本没有顺心的事，天天一脑门子官司。要说爽的事也不少，享受"三宫六院"的待遇就是其中一项。这"三宫"，指的是后朝的三个宫殿，也就是皇帝住的乾清宫、皇后住的坤宁宫以及皇帝、皇后交流感情用的交泰殿。六院，其实是"十二院"，指的就是位于后三宫东西两侧的"东六宫"和"西六宫"，这里是皇帝和嫔妃们玩耍的地方。

延禧宫，在东六宫的最南端。

明成祖朱棣修建紫禁城时，东西六宫的建筑形式是基本相同的。每个宫都是两进院落，黄琉璃瓦歇山顶，前院正殿五间，东西配殿各三间。后院正殿五间，也有东西配殿各三间，屋顶都是黄琉璃瓦硬山顶。

乾隆曾给东西六宫统一配过匾额，每个宫内悬挂不同的"宫训图"，以教育后宫的嫔妃们要贤良淑德，爱岗敬业。在延禧宫悬挂的宫训图是《曹后重农图》，画的是北宋仁宗的皇后曹氏，非常重视农业生产，在自己居住的宫殿前后种植五谷，自给自足，既为国家省了粮食，又陶冶了情操，成为古代贤后楷模。

东西六宫不但建筑形式相同，面积相同，甚至室内的摆设都保持一致。看来朱棣同志盖紫禁城时就想好了，后宫粉黛不偏不倚，都别想在住房条件上说事儿。

可这延禧宫偏偏不省事儿。

在中国古代，房屋由于是木质结构，大多数不防火，着个火也不是什么大事。可这延禧宫似乎被火神爷包养了，三天两头就来光顾一下，康熙年间，着过；嘉庆年间，着过；道光年间，着过；咸丰年间，着过……因此获得"紫禁城最佳火灾观赏基地"的称号也是实至名归。

为什么延禧宫这么爱着火呢？

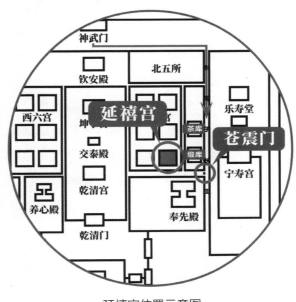

延禧宫位置示意图

有人从阴阳风水上开始解释了。延禧宫位于紫禁城的东北，属于八卦中艮位，所以最容易着火。我对周易八卦这门学问一窍不通，不过对于这个风水先生给出的答案，我觉得不是十分靠谱。当然，还有另一个解释，我觉得这个解释还是很靠谱的。

答案是因为一扇门。

苍震门，是东筒子长街进入东六宫唯一的门户。而东筒子长街，又是从神武门进入茶库、缎库的唯一门户。没办法，谁让延禧宫离库房这么近。

可以想象一下，小太监从神武门运送着茶叶、绸缎进入东筒子长街，一路想着："前天小顺子赌输给我的那二两银子，今天一定得让他还了。对了，一会儿去延禧宫转转，厨房的小福子答应给我留的好酒可别忘了拿……"就这样，每天都有不相干的太监、宫女跑到延禧宫来玩耍，甚至带进来送货的杂役、脚夫，延禧宫之热闹可以想象。别说失个火了，把整个宫殿卖了都有可能。当然，这只是我的推断。当年的皇帝们还是相信风水先生的那套解释。不然怎么办呢，就这么烧下去？

修缮中的延禧宫

有人想出了个疯狂的办法。

宣统元年，小皇帝溥仪即位，成为清代最后一任皇帝。他即位时，光绪、慈禧都已经去世。而光绪的遗孀瑾妃也被册封为皇太贵妃。多年的媳妇终于熬成婆，没有了西太后，谁不想抖抖机灵。虽然前面还有一位隆裕皇太后，但这位瑾妃也急于跳上历史舞台刷一刷存在感。住在永和宫的瑾妃，一直想重修隔壁的延禧宫，于是她向隆裕皇太后提了重新修建延禧宫这个建议。

为什么她要提这个建议？花皇上的钱，使自己名垂清史，这样只赚不赔的买卖，要是我也会干。

刚刚继承了慈禧财产的隆裕太后果然答应了，有钱了嘛。她让瑾妃负责主持这件事，并找来太监总管小德张帮她。小德张想出了"以水克火"的办法，在延禧宫里修建一座"水晶宫"，看你还烧不烧。

"水晶宫"，就是一座三层的圆形宫殿。以铜铁为梁柱，以玻璃为墙壁，地板也都安上玻璃砖，水殿的墙壁隔着两层玻璃，玻璃夹层里注水养鱼，要说弄成个海底世界也不过分。对于这个设计，我只有在心里默默地祝愿这个人间奇迹能够实现了。而这个建筑的结局是这样的：工程还没干完，甲方先完了。

瑾妃观鱼

隆裕皇太后拉着溥仪的手，颁布了《逊位诏书》，清代结束。同时结束的还有瑾妃的"水晶宫观鱼梦"。从此，她只能在这座"西洋烂尾楼"的前面，用大木桶装上水观鱼了，还真是莫名其妙地感觉到一点点凄惨。

当然，瑾妃的这点小凄惨要和她妹妹珍妃比起来，那就属于小幸福了。

5. 一人一天下：三希堂

三希堂，简单地说，就是养心殿在西暖阁中隔出的一个小单间。虽然面积不大，却是乾隆皇帝最钟爱的一个小书房。

我们先来说说何为三希。

中国古代读书人将人生目标分为四个层级，分别叫作士、贤、圣、天。也就是读书人、贤人、圣人和知天之人。就像打怪升级一样，读书人都想成为贤人，贤人又想成为圣德之人，进而成为通晓天地之人。每个人都想升级到更高级别。

晋级可不是那么容易的。

有人说，整个中国历史上能达到圣人级别的只有两个半人，两个人是孔子和王阳明，半个人是曾国藩。宋代理学开山鼻祖周敦颐说："士希贤，贤希圣，圣希天。"对，就是那个写《爱莲说》的周敦颐。这句话的意思是，人们都希望升级到更高级别，最后成为知晓天地的人。可这种比圣人还牛的境界好像还从来没人达到过。

乾隆皇帝显然是希望自己成为最高级别的这个人，所以用周敦颐这个"三希"的说法为自己这个小书房命名。他又在旁边的东暖阁挂上"勤政亲贤"的匾，意思就是多跟贤人来往。好吧承认你是圣人了行不？

这个周敦颐提出的"三希"的概念，就是乾隆命名三希堂的一半原因。另一半原因你们一定知道了，就是那三幅字帖：王羲之的《快雪时晴帖》、王献之的《中秋帖》和王珣的《伯远帖》。这三幅字帖人们太熟悉了，我们以后再聊，下面我们再来看看三希堂里的一副对联。

三希堂面积不大，却装饰得大气、肃穆，进屋就是暖炕，暖炕上有一几案。左首是玉如意，右首是铜暖炉。墙壁上"三希堂"三个字两侧有一副对联，上联是"怀抱观古今"，下联是"深心托豪素"，是乾隆皇帝亲手所写。这副对联的上下两句虽然不是乾隆皇帝原创，却是他在古人诗句里精心挑选出来的，可以说是为三希堂的文学气质量身定制的。上联"怀抱观古今"出自南北朝著名文学家谢灵运的《斋中读书》。听这诗名，多么符合三希堂的定位。

《斋中读书》

昔余游京华，未尝废丘壑。矧乃归山川，心迹双寂寞。
虚馆绝诤讼，空庭来鸟雀。卧疾丰暇豫，翰墨时间作。
怀抱观古今，寝食展戏谑。既笑沮溺苦，又哂子云阁。
执戟亦以疲，耕稼岂云乐。万事难并欢，达生幸可托。

这首诗是谢灵运被排挤出朝廷后，在任永嘉太守时所作。工作虽然清闲了，却有了深深的失落和消沉，只能靠写诗和读书来排解寂寞。所以才有了"怀抱观古今"的胸怀和雅兴，有时间了嘛。

下联的"深心托豪素"则出自另一位南朝大诗人颜延之的《五君咏·向常侍》。

《五君咏·向常侍》

向秀甘淡薄，深心托豪素。探道好渊玄，观书鄙章句。
交吕既鸿轩，攀嵇亦凤举。流连河里游，恻怆山阳赋。

颜延之咏的"五君"，就是竹林七贤中的五人：阮籍、嵇康、刘伶、阮咸、向秀。向秀官至散骑常侍，所以叫"向常侍"。咦？不是竹林七贤吗，为什么他只给五人写了诗？

原来竹林七贤中的山涛和王戎后来都加入司马昭的朝廷、成了显贵之人，颜延之看不起他们，所以没写他们。你看，用"不表扬"来表达"批评"的意思，颜延之这手法也是没谁了。

"豪素"字通"毫素"，是笔和纸的代称，"深心托豪素"就是指诗文的著作或研究学问都要专心致志。上下联合起来的意思就是：胸怀古今天下，但还要认真地做学问。怎么听起来像"停电了，也得读书"呢……

在小小的三希堂里有很多精美的装饰品，最有特点的就是墙上挂的那些瓶子了。那是一种特殊的花瓶，叫作"轿瓶"，也叫"壁瓶"，因为它只有一半，所以能挂在墙上作为装饰品。乾隆非常喜欢轿瓶，写过很多首关于轿瓶的诗，比如这首：

宋汝称名品，新瓶制更佳。随行共啸咏，沿路撷芳华。
往处轻车称，簪来野卉斜。红尘安得在，香籁度帷纱。

不得不说，附庸风雅的乾隆皇帝是个文艺男，可他能够一生游山玩水，吟诗赏月实在是因为康雍两朝把天下治理的太兴盛了，没有给他太多发挥的机会。

不知把同样是文艺男的宋徽宗放到乾隆朝，会有一番怎样的作为呢？

6. 朕就是这样的汉子：养心殿

养心殿地处内廷和慈宁宫之间，既处在大内的核心地带，又幽静安全。"养心"二字，出自孟子"存其心，养其性，所以事天也"一语。

养心殿在建筑上，和其他的大殿没什么区别，基本都是一个套路：三进院落，黄琉璃瓦歇山顶，屋顶鸱吻走兽俱全，梁柱间施清式彩画，红漆大柱，金砖墁地。最特殊的地方，就是在养心殿正面西部，有一个接出来的卷棚顶抱厦。

这"抱厦"是什么呢？

曹雪芹的《红楼梦》第七回里写道，"却将迎春、探春、惜春三人移到王夫人这边房后三间抱厦内居住"。

抱厦是中国建筑特有的一种建筑形式，是指在主体建筑的旁边又搭建出来的附属建筑，也就是"抱"着主体建筑的一种衍生建筑。所以迎春、探春、惜春这三个未成年少女要住在王夫人所在宅院的附属建筑里，是出于照顾和保护的需要。

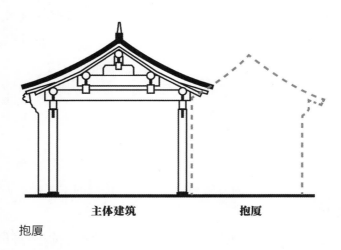

抱厦

养心殿西暖阁外的抱厦，当然也是为了皇帝的安全加上的。当乾隆皇帝坐在小小的三希堂里，把玩三幅传世名帖的时候，窗外的抱厦周围，不知有多少双眼睛在紧张地注视着四周，悄无声息地保护皇帝的安全。

在雍正皇帝之前，养心殿并不是皇帝的专属寝宫。康熙皇帝去世后，根据清代的规矩，继位的雍正皇帝要把养心殿当作"倚庐"，为他父亲守孝 27 天。可不知是养心殿的宫女特别养眼还是什么别的原

雍正

因，反正雍正皇帝喜欢上了这个幽静的地方，干脆就一直住了下去，这一住就住了十三年。从此，养心殿成了紫禁城中最最重要的地方——皇帝的专属卧室。雍正皇帝以后的历代皇帝也都住进了养心殿，再也没有换过地方。

在我上小学的时候，虽然对清代历史还没有什么印象，对清代的各个皇帝连名字都说不上来，可是对这个"雍正皇帝"，却有一种说不出的害怕和恐惧。这种感觉来源于一部电影《血滴子秘史》。这部电影在当时也算是口碑不错的院线大片了。虽然现在大多数情节都已经想不起来了，但却因此留下了个终生难忘的印象：雍正皇帝就是操控血滴子杀人于无形的幕后黑手，阴暗而恐怖。

而历史中的雍正，却是个相当勤勉的好皇帝。每天都在努力地工作，治理国家。据说他批过的奏折加起来有两千两百万字，平均一天要批两千多字，十足的工作狂。

要说起批奏折来，这雍正皇帝还真是有点萌，你看他批过的这些奏折："知道了。""朕就是这样的汉子。"是不是像个任性孩子说的话？雍正皇帝最著名的批示是这样的："朕就是这样汉子，就是这样秉性，就是这样皇帝。尔等大臣若不负朕，朕再不负尔等也，勉之。"可以说也是个真性情皇帝了。

养心殿平面呈"工"字形，分前殿和后殿两部分。前殿又分为三个区域：明间、东暖阁和西暖阁。明间是养心殿的"办公室"，是皇帝理政的地方，正中悬挂"中正仁和"的匾额，是雍正皇帝亲手书写的。每年的正月初一子时，皇帝都要在明间举行一个仪式，叫作"明窗开笔"，就是皇帝用特制的御笔，写下一些"天下太平"之类的吉祥话，以示一年的吉祥如意。

故宫一位书画鉴定专家曾经说："乾隆皇帝的字，每个都是一颗糖球，又圆又甜。"真是形象极了。乾隆这位中国历史上年寿最高、在位六十年的"十全老人"，他的字也如其人一般：珠圆玉润，大富大贵。也只有像他这样集万千宠爱和无上权力于一身之人，才能写出这样不见风雨沧桑的"糖球"字来。

而相比之下，另一位同样是皇帝的宋徽宗，笔下的"瘦金体"却字字如利刃，一撇一捺间如同一位武师在挥动柳叶双刀，刺扎挑砍，勾点撩劈，招招不离咽喉要害。在这套"瘦金刀法"的后面，隐藏的是宋徽宗扭曲的历史地位，和"国破山河在"的悲惨命运。

西暖阁被分为前后两部分，前部分又分隔成三部分，其中最靠近西边的就是著名的"三希堂"了。当乾隆皇帝将王羲之的《快雪时晴帖》、王珣的《伯远帖》和王献之的《中秋帖》放入三希堂后，这个在养心殿西暖阁中分隔出来的窄小书屋，立刻变成了中国文化史上最有分量的 4.8 平方米。乾隆皇帝每日就躲在这个小小书屋里，捣鼓这三幅书法。他用那"糖球"一般的字，提在每幅字帖的后面，或写跋，或临摹，将他对汉文化的喜爱和欣赏，一点一滴地表露无遗。

养心殿的最后一个关键词，就是"垂帘听政"。慈禧太后的这个创意，让养心殿的东暖阁，因此而闻名。当慈禧太后坐在养心殿的金黄色垂帘后面时，不论是坐在前面龙椅上的同治小皇帝，还是在两边站立的恭亲王奕䜣和醇亲王奕譞，都不过是她权杖上的点缀。就算是同样坐在帘后的慈安太后，也不过是一只温柔的家猫，只要安抚几下，随时都能呼呼睡去。

她唯一在意的，只是在这养心殿的东暖阁内，什么时候不再挂这该死的垂帘。

7. 城市的肉身：景山

景山，故宫最北面的人工堆山，曾经是北京城的至高观赏点，我叫作"大亭子"的万春亭，曾经代表了北京的高度。她蛰伏在 600 岁的景山背上，惊叹于脚下京城的岁月变迁。

从万春亭向东望去，是现代北京的最高建筑，528 米的"中国尊"。这个比十个景山还高的新霸主，在钢筋水泥的喂养下，筋骨渐强。而

红墙黄瓦的方向

曾经的京城最高点，在一次次被现代建筑轻易超越之后，已经无力做出任何回应。

颤抖着站在那棵槐树下，崇祯皇帝万万没有想到，他准备自缢的这个地方，几百年后，竟成为人们争相拍照的景点。

曾经听过一句有趣的话："历史是任人打扮的小姑娘。"风骚还是端庄，全在世人品评，给她穿红花绿袄就是朴素村妇；给她穿妖艳罗衫就是粉色妖姬。在不同纬度的历史里，同样的境遇，结果竟然天差地别。

宋室灭亡的最后时刻，43 岁的丞相陆秀夫背着 8 岁的小皇帝投海，十万军民投海殉难，宁死不降。而在明亡的历史剧里，崇祯一直是那个最悲情的角色。"……皆诸臣误朕。朕死无面目见祖宗，自去冠冕，以发覆面。任贼分裂，无伤百姓一人。"他出逃前，曾"鸣钟集百官无至者"，只有太监王承恩一人不离左右。

那一声声在偌大皇宫里回响的钟鸣，是崇祯为自己和这个曾经的王朝敲响的丧钟，可最终敲碎的，只有自己的一颗心。

景山上最著名的景点，就是"明思宗殉国处"了，也就是崇祯上吊的地方。立于此处的石碑，严肃地站定，仿佛看到了几百年前的那场争斗。披发跣足的崇祯，绝望的王承恩，在这棵槐树下，用死的方式保存最后一点点尊严。远处的武英殿里，一个叫李自成的粗汉，正在成为这个国家新的主人。

紫禁城，一直被人们称作明清两朝的皇宫。不过大多数人不会在意，在明清两个朝代的中间，还夹着一个李自成的大顺王朝。虽然四十二天的朝代历史太过搞笑，却也是李自成对自己的一个交待。这座紫禁城里的景山，或者如前朝称为万岁山，却成为明代万岁江山的终结。

"高楼像最卑微的仆人，弯下腰，让自己低声下气切断身体，头碰着脚，紧紧贴在一起，然后再次断裂弯腰，将头顶手臂扭曲弯折，插入空隙。"

郝景芳的《北京折叠》中，北京城六环以内是可以翻转的。只是不知道，在这样的城市折叠中，紫禁城是否也可以切断自身，插入城市的缝隙；那些每天侍立于太和殿头顶上的鸱吻、脊兽们，和遍布在彩画、瓦当、须弥座上的一条条游龙，是否可以经得起那样的翻天覆地。

故宫中的景山，其实是作为一个图腾存在着。

中国人对山的热爱，从古至今，从未消退过：泰山传说是盘古的头颅化成；昆仑山是西王母的地盘；太行山是神农氏尝百草的地方；太行王屋二山本来是在一起的，被愚公及其子孙把一座放到朔东，一座放到雍南。

西方人为了慰藉自己的灵魂，建造了无数直插云霄的哥特式教堂，那尖尖的塔顶仿佛想刺破人间与天堂的隔膜，直达上帝的枕边；而中国人崇尚的精神之所，是天与地的恩赐，是与大自然的对话。

中国人对山的敬畏，来源于此。

晚年的黄公望，隐居富春山，一幅《富春山居图》被后人誉为画中兰亭；而"山不在高，有仙则名"的谈笑中，文人与山的关系，如同笔与纸、墨与砚，再难疏远。山的博大胸怀，让屡屡怀才不遇的古代文人，找到了宣泄的出口。

纵有凌云志，还需平常心。当李宗盛唱起那首《山丘》，我们才知道，"越过山丘，虽然已白了头"的无奈，其实就是一种洗尽铅华，千帆过尽的平淡，也是万壑千山教会我们最高级的处世哲学。

一座城市的生长，有两个维度，一个是空间，一个是时间。当城市慢慢长大，空间上的延续，成为建立躯体的基础。一条条街道、桥梁、胡同、巷子，组成筋脉与骨骼；而一座座建筑、学校、教堂、店铺，或是刚出摊儿的修鞋铺、串胡同的冰糖葫芦车，甚至是街角贴手机膜的摊位，则是这个城市血肉相连的肉身。而进入另一个时间维度，则是叠加在这个城市之上的无数座城市，记录了这个城市成长的所有细节。一棵树的四季生发，一个井盖的风吹雨打，或是一个建筑的兴起衰落，最后都会铭刻进这座城市的历史。

而那座曾经是城市制高点的山，则为这个城市的心肺，源源不断地输送着气脉与元神。虽然早已不能代表这座城市，但和越来越多的摩天大厦相比，这座山，才是我心中的那个高度。

8. 不要忘本：箭亭

这一节，我们聊一聊箭亭。

在紫禁城东部的景运门外、奉先殿的南面，有一片开阔的空地。清顺治年间，这里成为清代皇帝及其子孙练习骑马射箭的地方。

这个箭亭，是这个箭亭广场上唯一的建筑。也就是那个"金顶朱柱、彩画丹陛、五门大开"的建筑。虽说它名字叫"亭"，但其实就是一座独立的大殿。黄琉璃瓦歇山顶，屋顶上，脊兽、戗兽、仙人走兽一应俱全，仙人后面，站着七个脊兽，这已经是非常高的规制了。

屋顶下面，是一圈回廊，这种回廊在中国古代建筑中，叫作"副阶周匝"，也就是在主体建筑的外围出廊，内圈再设隔断或门板的做法。共有南五北三八扇双开格扇门，门上为三交六椀菱花格心。梁枋上的彩画，是典型的清式旋子彩画，虽然颜色已经大面积脱落，但还是能看出来曾经的辉煌。

这个箭亭，是清代顺治皇帝所建，目的在于告诫子孙"不效汉俗"。

箭亭当中有宝座，宝座之东有卧碑一座，刊刻的是乾隆十七年上谕，内容是要求清贵族"衣服语言，悉遵旧制"，"操演技勇，时时练习骑射"，并告诫子孙要"永垂法守"。用一句话说，就是："都别给我忘了本！"

箭亭广场上，更多的是射箭比赛和跑马，而那种扬枪策马式的比武对战，几乎是很少能看到的。每当皇帝和各位皇子在这里跑马射箭时，亭前就摆起箭靶，列队两边的武士摇旗擂鼓助威，情景甚是壮观。

自从清军入关建立清王朝以来，历代帝王都会对汉文化秉承怀柔政策，并不会像元朝那样实行彻底灭绝。但由于汉文化的强大生命力，清代统治者很怕被同化，所以才有了"不效汉俗"的训教，也就是训导后世子孙，虽然采取接受的政策，但也不能丢掉自己的满文化。

这才有了箭亭和箭亭广场的使命。

9. 乾隆皇帝的第二春：乾隆花园

这一节，我们聊聊故宫里的一座花园，位于宁寿宫西侧的宁寿宫花园，它还有个名字，叫作乾隆花园。

宁寿宫本是康熙为皇太后修建的养老之地。乾隆三十六年（1771），乾隆皇帝为了自己禅位后开心地养老，将宁寿宫重新修建，并建了宁寿宫花园，当作自己退休后的居所。可他不知道，这次与修葺宁寿宫一起完工的宁寿宫花园，一不小心成了故宫里建得最成功的宫苑园林。

提起园林，咱们一般老百姓大概也知道个一二，就算没去过，至少也知道江南四大园林，什么狮子林，留园，拙政园什么的。当然，这些园子乾隆皇帝可是随便遛跶。这位爷六下江南，除了留下一堆大明湖畔的夏雨荷们，也逛够了所有江南有名的园林。他把这些园林的特点杂糅进了这个小小的宁寿宫花园，使它既有北方园林的规整豪迈，又有江南园林的细腻雅致。

乾隆花园总共分为四个院，也就是一个四进的四合院。咱讲过很多次中国建筑的规划了，四合院布局你们应该不陌生吧。虽然是个园林，竟然也能分出来四进院落。其实这个花园整体并不大，甚至不太适合造园子，因为这块地是个狭长的长条形，南北长 160 多米，东西只有不到 40 米宽。不过，设计师也就是利用了这个地形，才设计出

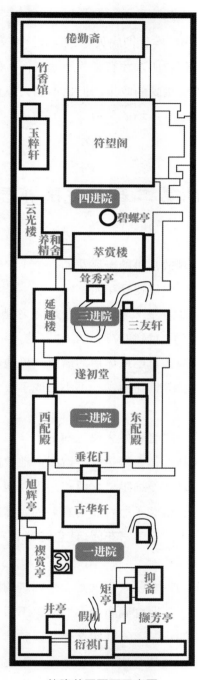

乾隆花园平面示意图

四个院落，让不同风格的景观巧妙地集合在一个花园里。

进了正门衍祺门，就来到第一进院落。一进院，一块假山石横亘中间，挡住了去路。这就是中国园林中的造园手法——抑景，也就是不让你一眼看穿。想看？你得绕过去，这才有那种曲径通幽的神秘感嘛。第一进院的主体建筑是古华轩，因轩前一棵古树而得名。这是个宽敞的亭轩类建筑，供人在这里休息。不过，这里最有意思的却是古华轩西面的一个小建筑，也就是宁寿宫花园中的流杯亭——禊赏亭。

说起流杯亭，不得不重新回到永和九年那个风流豪放的一天。

在那个"天朗气清，惠风和畅"的日子，王羲之和他的朋友们"会于会稽山阴之兰亭"，曲水流觞，饮酒赋诗，"信可乐也"。魏晋时期的每年夏历的三月初三，人们都要到水边嬉游沐浴，以除灾祈福，称为"修禊（音细）"。后来文人们就在这一天在水边聚会，饮酒赋诗，观景赏花。他们用一种叫作"觞"的特殊酒杯，装上酒从上流顺水漂下，漂到谁的面前，谁就要作诗一首。

在那个没有迷迪音乐节没有演唱会没有电影院的年代，还有什么活动能比这样的聚会更有意思呢。如此文雅的集会，自然吸引了大批文艺青年们参加，所以"群贤毕至，少长咸集"，人人都要秀一秀自己的才学。这次集会共有四十多人参加，有十一个人作诗两首，十五人作诗一首。当然也有作不出来的，有十六人被罚酒三杯。王羲之的小儿子，即后来有"二王"之称的王献之也被罚了酒。有诗为证："却笑乌衣王大令，兰亭会上竟无诗。"

雅集结束时，集会的发起人王羲之对这次兰亭修禊活动作了一个总结报告，诞生了天下第一行书《兰亭集序》。

乾隆这么喜爱这《兰亭集序》，自然也对曲水流觞这种雅事倍加推崇。这么文艺的事，不附庸风雅一番怎么行。于是这"流杯亭"自然少不了了，不光宁寿宫花园有，避暑山庄、圆明园、中南海都建有流杯亭，可见乾隆对此事喜爱至极。在禊赏亭的大理石地面上，人工雕凿出了八卦式的"同"字形凹槽，从旁边假山上的水缸中灌水，水就可以顺着弯曲的凹槽流过，一个小型的"曲水流觞"就完成了。每年三月三，乾隆都要与众位文臣学士来一场流杯吟诗，杯子顺水漂流，流到谁的眼前停下，谁就要赋诗答对，可谓风雅至极了。

接着说古华轩后面，是一个垂花门，过了垂花门，就来到了第二进院落。一进这第二进院子，感觉一下子从曲折回转的园林回到了中正稳健的建筑群。这个院子基本没什么园林类装饰，完全是一个标准的四合院空间。北面是一座六柱五开间的正堂，名为"遂初堂"。东西两边是两座配房，三面建筑外面都有回廊。

为什么在一座园林里会有这么一处四四方方规规矩矩的四合院呢？这就是这座乾隆花园的设计者的高明之处了。说白了，这就是这座园林的"节奏"所在，也是"静"处所在。第一进院子的假山、流杯亭、承露台等景观曲折多变，是为一"动"；第二进院子的一正两厢，宽敞的庭院，是为一"静"。这一动一静的规划，才是整个园林设计最绝妙之处。

当然，再往后走，一定又是一处"动"的所在。第三进院子，特点就在于"变"。这里又见蜿蜒曲折的山石，满庭嶂翠，山石间点缀着各种亭阁，山石峰顶有亭名"耸秀"，登亭四望，此院的主体建筑"萃赏楼"尽收眼底，又有延趣楼、三友轩等处，真是变化无穷，移步异景。

在萃赏楼后面的第四进院落，由符望阁、倦勤斋、玉粹轩、竹香馆等建筑组成。这里最有意思的，就是倦勤斋里面的仿真彩画了，那可是几百年前就出现的真·3D彩绘。不管是天花上一颗颗垂下来的葡萄，还是墙壁上以真人视角所绘的楼阁，甚至比今天用电脑绘制的3D画还要生动。

说来有些可笑，虽然乾隆皇帝费了很多心思为自己修建了宁寿宫花园，准备在自己做满六十年皇帝后在此养老，但最终他却没有在这里住过一天。这是为什么呢？

说来也简单，虽然建造这座花园颇费了一番心思，也花费了很多财力和人力，但毕竟是在宁寿宫里的一坐附属花园，和圆明园、畅春园、长春园这些大型山水园林还是没法比。再加上乾隆虽然让位给儿子嘉庆，但仍然打着"训政"的旗号把持国政，长年住在养心殿，所以也就没多少时间来这个小小花园了。

贫穷限制了我们的想象力，也许修建这座花园本身就是一种掩人耳目的游戏吧。

10. 一家样式雷，半部建筑史：样式雷

这一节和大家聊聊中国建筑史上一个神秘的家族。这个家族为清代主持建筑营造事务，从康熙到光绪，前后历经八代二百多年，这就是著名的样式雷家族。

相信很多同学知道样式雷，是从《盗墓笔记》开始的。其实，中国建筑史上早就流传着这么一句话："一家样式雷，半部建筑史。"有清一代，不知有多少重要的宫廷建筑是样式雷家族设计的。从第一代样式雷雷发达开始，历经雷金玉、雷声澄、雷家玺、雷景修、雷思起、雷廷昌、雷献彩等八代样式雷传人，经历 260 多年的岁月，始终在皇家样式房行使掌案之职，也就是皇上的御用首席建筑设计师。

雷家参与建造的皇家建筑众多，圆明园、颐和园、景山、天坛、北海、中南海，乃至北京城外的避暑山庄、清东陵、清西陵，这些多半已成为世界文化遗产的著名建筑设计，都是出自雷家之手。而样式雷一族曲折复杂的兴衰故事，也始终为人们津津乐道。

相传清康熙年间，紫禁城要进行大规模的扩建，而前三殿的工程更是重中之重。这一天，到了太和殿上梁的日子，在古代，建筑上梁是非常重要的时刻，皇帝康熙老爷子更是亲自来观礼。只见大梁举起，往槽中落去，万没想到，却被榫卯卡住，怎么也落不下来。眼见皇上

就要大怒，到时就不知几人脑袋搬家了。就在此时，只见一人腰别铁斧，爬上大梁，哐哐几斧子就使大梁归位。众人这才松了口气，康熙也大喜，当场赐这个叫雷发达的工匠做了康熙建筑事务所常务总经理，哦不，应该叫"工部营造所长班"，后来又调任工部样式房掌案，做了样式房的总管，这才有了"样式雷"的称号。

雷金玉是雷发达的长子，样式雷家族的第二代传人，也是朝廷最常识和重用的雷氏传人。从雷金玉开始，雷家真正进入了家族上升通道。

雷金玉技艺高超，才思敏捷，康熙非常欣赏他，任命他为圆明园楠木作样式房掌案，主持修建圆明园。后来康熙在《畅春园记》里，提到他非常挂念一位杰出的匠师，说的就是好友雷金玉。而雷金玉七十岁生日之时，当时的太子弘历赐书"古稀"匾额，死后奉旨归葬，样式雷家族的声望达到了顶峰。

第三代雷声澄是雷金玉第六位夫人张氏所生。雷金玉去世后，雷声澄还在襁褓之中，四个哥哥也无人能继承雷家祖业，只得计划南归，而样式房掌案之职也被雷金玉的伙计所篡夺。张氏深知责任重大，并没有随家族南迁，而是带着三个月大的幼子雷声澄独自留在了京城。她怀抱幼子在工部泣诉，据理力争，为雷家争得幼子成年后重掌样式房的资格。为此，雷氏后人在同治年间为张氏撰写碑志，褒扬了她在家族史中不可磨灭的功德，而雷声澄也终于不负众望，重新夺回样式房掌案之职。

雷声澄成年以后，正是乾隆大兴土木之时，声澄与他的三个儿子家玮、家玺、家瑞都受到重用。三兄弟通力合作，承办了诸多行宫、楼台、园林的工程，其中雷家玺更是三兄弟中的翘楚，接任了第四代样式房掌案职位，使低潮的雷氏祖业重新发扬光大。

雷景修是雷家玺的第三个儿子，虽然 16 岁就随父亲在样式房学习营造技艺，勤奋谨慎，但在雷家玺死前，还是觉得景修不甚重任，将样式房掌案之职交与了同僚郭九。而到了景修成年，郭九暴亡，他才又将掌案之职争夺回来。

　　咸丰十年（1860），英法联军焚毁西郊的三山五园，样式房工作停止，雷景修虽身怀绝技，却没有用武之地，他趁机收集祖传的营造法式图稿和大大小小的"烫样"。在当时，做建筑设计需要先制作模型，称作"烫样"，而样式雷就是制作这种沙盘模型的高手，甚至

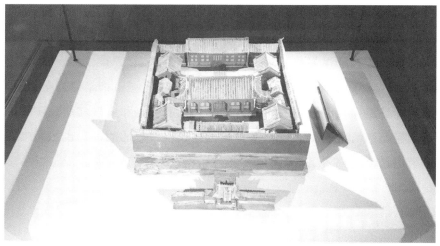

样式雷烫样

比现在的沙盘还要精致：屋顶可以打开，内部的梁架结构、彩画样式、家具屏风，都如微缩景观一般让人爱不释手。雷景修将所有的烫样加上说明，编成目录，数量之多要用三间屋子才能容纳得下。样式雷图档之所以流传至今日，雷景修功不可没。

第六代雷思起是雷景修第三子。因技艺高超，执掌样式房，并承担起设计营造咸丰清东陵的任务。为慈禧太后修建陵寝时，因要满足慈禧的各种不合理要求，呕心沥血，数次修改设计，耗尽心血，最后劳累而死，用事实证明了甲方的狗血要求真的会弄死设计师……

第七代雷廷昌是雷思起长子，随父亲参加了修建定陵、重修圆明园等工程，并独立承担设计了同治的惠陵、慈安、慈禧太后的定东陵、光绪帝的崇陵等大型陵寝工程，以及颐和园、西苑、慈禧太后六旬万寿盛典工程。朝廷的腐败却给样式房带来了机会，样式雷也于雷思起雷廷昌父子两代闻名遐迩，地位更加显赫。

第八代雷献彩是雷廷昌的长子，自幼学习祖传手艺，未满 20 岁就担任圆明园样式房掌案。参与圆明园、普陀峪定东陵重建、颐和园、西苑、崇陵、摄政王府、北京正阳门等工程。

辛亥革命后，专为皇家担任建筑设计的样式房随之消失，样式雷家族也就开始没落。雷献彩虽娶两房，但也没能留下子嗣。雷献彩死后，雷氏家道随之迅速败落，几乎没有人再从事建筑行业。

在中国乃至世界建筑史上，从没有一个家族参与过这么多皇家建筑的设计和修造，时间跨越两个世纪，几乎半座城市都是他们建造的。虽然样式雷家族逐渐没落，但留下了大量的图档和烫样，这是研究中国古建筑和清代历史的第一手资料。样式雷家族的故事，也成为中国建筑史乃至文化史上重要的文化标签。

四　画中楼阁

1. 张择端是个建筑师：《清明上河图》

"往左！往左！"

"不对不对，往右！往右！"

"前面的船，让开！让开！"

虹桥上，行人如梭，热闹非凡，但一场严重的交通事故眼看就要发生。一艘商船正要从桥下穿过，船的桅杆似乎没来得及放下，船身因逆水而横行了过来，眼看就要与桥梁重重地撞上。

"快把桅杆放倒！"

"接住绳子！"

桥上的行人都跑过来观看，有些性急的找来绳子抛向大船，有的更是跃过桥的栏杆，想跳到大船上去帮忙。顷刻间，桥上和船上的人乱作一团。

一千年后的一个下午，当我趴在武英殿书画展柜的玻璃前，再次注视着这些乱作一团的人时，我仿佛看到了一个奇妙的景象：在展开长达 5 米的暗黄色的绢上，一条大河喷涌而出，水花四溅，河上横亘一座大桥，桥上的摊位、店铺、行人栩栩如生，河上的船只往来穿梭。那只偏离航线的大船依然险象环生，直往桥上撞去，船上桥上的人呼号叫嚷，场面纷乱。在展厅内柔和灯光的照射下，画上行走的人们在绢上拖出淡淡的影子，十千脚店尖尖的彩楼欢门差点戳在我的脸上。

我曾无数次地在网络中面对这幅画，每次注视它的时候，都想在这成百上千的百姓当中，寻找一个人。这个人，一定正坐在离虹桥不远的茶肆里，望着滔滔的汴河水，呆呆地出神。手中那碗微热的茶汤，不知被他端起来几次，又放下几次。

眼前的虹桥上，挑担的、赶驴的、抬轿的、卖炊饼的、打新酒的……所有忙碌的人，包括酒肆、茶馆、驴车、摊位、汴河上的船只……倒映在他眼中，在他的瞳孔里交叠、奔走、组合成一幅幅静态的图像，印记在他的脑中。不久之后，这些图像将通过他手中的一支笔，重新排列组合，找到自己新的位置，变成一幅伟大的长卷。

张择端的心里，有了一个决定。

他要将眼前这条汴河，连同河上的虹桥，放在画眼。"画眼"，

彩楼欢门一

彩楼欢门二

是一幅画中最重要的视觉中心，是一幅画的心脏。这个位置，只有这条河能胜任。在他身后的，是 5 米长的画布，而在他身前的，则是一座"金翠耀目，罗绮飘香"的繁华都市。通过他的手，这座城市将以超高分辨率投射到这方画布上，精确到每一片树叶的走向。

一条河之于一个城市，如同水在一个人身体里的重要程度，不仅仅是占有了 70% 的体量而已。在生命最初形成的环境里，羊水的成分

虹桥

98%都是水，那几乎是承载了一个生命的全部。孔子曾对河流有过感叹："逝者如斯夫！不舍昼夜。"一条穿过城市的河流，承载了一个城市的血脉、风物、历史以及这个城市的神韵。就像塞纳河之于巴黎、泰晤士河之于伦敦、哈德逊河之于纽约、黄浦江之于上海……一座城市有了河流，就有了灵性。河流如同一条晶莹剔透的锁链，将过去与现代、历史与未来牢牢系在一起。

此时此刻，张择端眼里出现的，就是这么一条大河。这是一条人工开凿的运河，一头拴着隋炀帝骄奢淫逸的纤夫绳，另一头系接着一座国际化大都市的骄傲。

张择端将眼前的景象牢牢记在心里。

这条河他太熟悉了，在他"游学于京师"的这些年，曾无数次地来到这条河旁，看河上繁忙的漕船往来穿梭。那一只只带有升降舵的大船，满载着平江府的织锦、米面等各种货物，源源不断地驶来。他可以清晰地看到船家贤惠的妻子在船上淘米做饭，健壮的船夫将货物搬上搬下，客船上无事的客人坐在靠窗的位子上打盹……

周邦彦在《汴都赋》中说："舳舻相衔，千里不绝。越舲吴艎，官艘贾舶，闽讴楚语，风帆雨楫，联翩方载，钲鼓镗鞳。"这座因水而兴的城市，以超大规模的发展，回馈了这条河的厚赠。

汴京是当时世界上最大最繁华的城市，人口超过130万。《东京梦华录》记载："东华门外，市井最盛，……凡饮食、时新花果、鱼虾鳖蟹、鹑兔脯腊、金玉珍玩、衣着，无非天下之奇。其品味若数十分，客要一二十味下酒，随索目下便有之。其岁时果瓜、蔬茹新上市，并茄瓠之类，新出每对可直三五十千，诸阁纷争以贵价取之。"北宋取消了唐代的里坊制，商业得以大规模发展，每天有成千上万头猪被赶入城中的肉市待宰，每日消耗的鱼达数千担。兴盛的夜市往往营业到三更时分方散，作为说书游艺场所的"瓦肆"，每日数百人在此听书游玩，乐此不疲。

这条河，已渗透到这座城市的每一个角落。无论是孙羊正店飘香的酒缸中、妇人们的洗衣盆里，还是街角算命先生的茶碗里，这条河无处不在，又无声无息。正如宋太宗所说："东京养甲兵数十万，居人百万家，天下转漕仰给，在此一渠水。"没有汴河，就没有汴京的繁华街市与耀眼文明。

阿根廷作家博尔赫斯的作品中，有一本《沙之书》，那是一本无穷无尽的书，每次打开，内容都不一样。而《清明上河图》，就像这本《沙之书》一样，每次看它，都会看到不一样的风景，那条处在画眼位置的大河，好像永无止境，带来的是繁盛的街市、喧闹的人群，以及隐藏在耀眼繁华背后的萧瑟，而带走的，则是席卷一切的时间。被这条河横向拉开的时间，如切片面包一样被切开，断面清晰整齐。每一片定帧都是这座城市的一个场景，囊括了各个阶层的人群、各种不同的物理环境，一帧帧如档案般排列，一直堆叠到我的眼前。

"虹桥"这个名字最早出现在明代李东阳的跋诗"虹桥影落浪花里"。这座桥梁全部是木结构，单拱横跨汴河，桥身并没有柱子支撑，使通过的船只免去撞柱的危险。这在当时是一个非常了不起的技术革新，挽救了无数通过汴河的商船。虹桥的结构在技术上称为"叠梁拱"，由五排粗大的巨木组成骨架，两端固定在横木上，五排拱骨相互搭叠，组成叠梁拱。五排拱骨与横拱间用榫卯、铆钉、捆扎的方法固定，行人和桥身的重量通过层叠的拱骨向桥两侧分散传递，使虹桥既坚固又美丽。

在北宋后期赵伯驹的画作《江山秋色图》中，也有一处桥梁是这种叠梁拱的结构，只是比虹桥的规模要小得多。在北宋灭亡三百多年后，意大利文艺复兴时期一位不世出的奇人也画了一座叠梁拱桥，就是不知道这位叫达·芬奇的画家有没有在《清明上河图》中得到点儿灵感。

虹桥在整幅《清明上河图》中处于中心的位置，也是一个明显的标志性建筑。而另一个重要的标志性建筑，就是画中的城门。

从这座城门杂木丛生的状态看，应该是一座内城城门，不需要承担抵御外敌的任务。城楼修得还是蛮威武的，顶部是单檐五脊顶，清代称为庑殿顶，是屋顶类型的最高级别，并设有脊兽、戗兽，正脊上设有鸱吻。

城门楼

宋代的城门都是夯土修筑，包砖的城墙要等到明代以后才会出现。很多仿本的《清明上河图》都是画的包砖城墙，而且在城门洞的形式上，宋本用了排叉柱的做法，而其他仿本的城门洞都是用了不符合时代的"拱券门"的做法，这显然是画家热衷于穿越造成的。

"排叉柱"是立在城门洞内两侧的柱子，用于支撑木质的城门洞过梁，这是记载在宋代建筑宝典《营造法式》中的城门标准做法。如果你仔细看，可以发现这个城门楼上只有一个人站在平坐上往下张望，并没有士兵在把守，而且城门楼里出现了一面鼓。所以后来也有学者说这个建筑不是城门，而是鼓楼。

我们再来看看城门上最有特点的地方——斗拱。

整幅《清明上河图》中有很多建筑都用了斗拱，其中城门楼上的斗拱规格最高，形制最复杂。屋顶下的斗拱形制在建筑上称为"七铺作双杪（音秒）双下昂"，最上一层横栱不伸出耍头。格扇门窗下面的一圈回廊称为平坐，一般供登临眺望用。在平坐下方也有一圈斗拱。平坐下斗拱是六铺作，比檐下斗拱少一杪。《营造法式》记载："造平坐之制，其铺作减上屋一跳或两跳。"

张择端竟然是严格按照《营造法式》的做法画的。

不知你注意到没有，在虹桥旁边，有一种十分特别的建筑，像哥特教堂的尖顶一样，冲天而立。这个建筑就是在北宋非常流行的一种店面装饰形式，叫作"彩楼欢门"。孟元老的《东京梦华录》记载："凡京师酒店，门首皆缚彩楼欢门。"北宋当时的酒店和大的商铺，门前都要用木杆捆扎成阁楼形状，规模大的还要分出"上檐""平坐""屋面"等部分。这种彩楼欢门又称为"绞缚楼子"，在没有城管的北宋，大的商铺门前必定要搭一个，以壮气势，还要在上面挂上无数绸缎、彩花甚至成片的猪羊。

在《清明上河图》中，有彩楼欢门的商铺不只这一处。很多地方都有不同规模的彩楼欢门，说明这种商业招牌的形式在当时还是很流行的。

在民居中，最能代表建筑特点的就是建筑的屋顶了，屋顶的形制和做法也代表了这个建筑的等级和重要性。但北宋还没有发展成明清时期那种变态的等级制度，一些高级别的做法比如歇山顶或屋顶脊兽还是会出现在民居中。画中"孙羊正店"酒楼的二楼屋顶，正脊、垂脊、戗脊、鸱吻、脊兽、博风板、华废、悬鱼、惹草一应俱全，不愧是画中最气派的五星级大酒楼。在孙羊正店的门前，立有红色的栀子灯，在当时如果酒店门口挂着这种灯，那就说明这个酒店里还提供一种特殊的服务。

孙羊正店

一千年过去了，此时此刻，我端详着眼前这幅长卷，跟随张择端的脚步再次踏入画中。我仿佛坐在一条货船的船头，阳光明媚，人声嘈杂，船工大声的吆喝就在我耳边响起，河水拍岸的声音大到震耳欲聋。我突然意识到，这幅画本身就是一条河，一条时间之河，也是一条一生只能踏入一次的河。

张择端将这幅《清明上河图》进献给了宋徽宗之后，就在历史中隐身了。或者说，他走进了这条时间之河，沿着一条条街道和小巷，去寻找他的出路。那一条条人头攒动的街市尽头，一定有一条属于他的通道，通向一个没有战乱、没有动荡的温柔乡，那里是他最终的归宿，也是最好的结局。又或者，他仍然在寻找这条通道，在热闹的街道上，拥挤的店铺旁，繁忙的码头边，你也许会看到一个落寞的身影，独单地走过，行色匆匆，又漫无目的。

2. 那一晚的盛世繁华：《韩熙载夜宴图》

　　北京有条中外闻名的琉璃厂街，这条街是专门贩卖古玩字画的。1945 年初冬的这天，在一家字画店铺里，发生了一件不小的事儿：掌柜的开价五百两黄金卖一幅画。五百两黄金，什么概念？相当于用一座王府换一幅画。

　　这么多钱，并不是每个人都负担得起，哪怕是经常逛琉璃厂的"老炮儿"们。正当掌柜的要收起这幅画时，进来一位身材魁梧的中年人，他仔细地看了画卷后，当即掏出五百两黄金汇票买了下了这幅画。

　　这件事儿很快就在琉璃厂炸开了锅。

　　这个不差钱的人，正是著名画家、鉴藏家张大千。他花五百两黄金买下的这幅画，就是中国五代时期南唐顾闳（音洪）中的巨作《韩熙载夜宴图》。

　　抗日战争胜利后的这年秋天，张大千从成都飞往北京，打算买套房子定居在京城。恰好有一家前清的王府要出售，要价也是五百两黄金。当时的张大千已是名家，他凑齐了黄金准备买房。就在即将下定的时候，偶然一个机会闲逛来到了琉璃厂，遇到了这件国宝。

　　视字画如命的张大千得到《韩熙载夜宴图》后，接连几天躲在自己的书房里，一遍遍地看。看着看着，画上的一个个人物慢慢变得模糊，竟似动了起来，将他们的来历，娓娓道来。

　　一千多年前的那场雪，好像就是为预示着故国的山河，即将倾覆。

146

南唐国建都金陵，就是今天的江苏南京，在皇帝李煜的眼中，这一片江南水色、氤氲山河，是他诸多传世诗词中，最理想的背景。

就像宋徽宗赵佶，或唐玄宗李隆基，艺术家人人都可以做，唯有皇帝做不得。由"艺术家皇帝"治理的国家，就像他们在历史中的角色一样，尴尬而扭曲。

"拜韩熙载为相，能不能拯救南唐？"这个问题，李煜问了自己很多遍。

韩熙载才华横溢，书画俱佳。他在唐代末年中了进士，唐代灭亡后，来到南方避乱，在南唐代廷中任职，李煜对他非常器重。但韩熙载头脑清醒，他深知南唐官僚的水太深，关系错综复杂，连李煜都拿他们没办法，何况他自己势单力薄。说不得，只好装疯卖傻了。于是，一个终日在家开趴，沉迷于歌舞酒色的韩熙载出现了。什么国家与功名，今朝有酒今朝醉，哪管江山已哀鸣？

虽然韩熙载整日在家玩乐以避祸，但李煜并未就此死心。为了确认真伪，李煜心生一计。他给宫廷画师顾闳中下了一道密旨，令其去韩熙载家做客，将他家中夜宴的场景画出来，以此判断韩熙载是不是真正的堕落。

就这样，一场侦查与反侦查的好戏开始了。

华灯初上，日落西山，韩熙载府中人声嘈杂，好不热闹。金盏、华烛、紫衣、锦食，在顾闳中手中化作一片片浓墨重彩，记录下这偌大庭院中莫名浮夸的盛世。韩熙载的好友们如约而至。状元郎粲、门生舒雅、教坊副使李佳明……他热情地迎接着，挥手招来一群如花侍女。耳边传来一阵悠扬的琵琶声，一位绝代美女婀娜地走来，所有人的目光都被这个女子吸引，连坐在榻上的韩熙载都看得出神。

身材娇小的名妓王屋山轻移莲步，翩翩起舞。韩熙载连饮几杯后，顺手拿起鼓槌，挽起袖子，亲自上前击鼓助兴。清脆的鼓声，伴着王屋山优美的"六幺舞"舞步，为这场逼真的欺骗，增加了可信的砝码。

鼓声渐息。韩熙载有点累了，坐在榻上休息，静静地享受着侍女的伺候。他将上衣的扣子解开，露着胸膛，手拿方扇，盘腿坐到了椅子上，一派悠哉自得。夜已经深了，有的客人想走却被韩熙载拦住，他一只手握着鼓槌，举起另一只手示意：大家都别走，精彩的节目还在后面。就这样，客人们继续听歌观舞，一直玩乐到天亮。

夜宴散去后，顾闳中回到府中，带着百感交集的心情构思着这幅画。他凭着自己超群的记忆力，一共绘制了五个场景，分别是琵琶独奏、六幺独舞、宴间小憩、管乐合奏和夜宴结束。画中巧妙地运用了屏风、几案、管弦乐品、床榻等物隔断，既独立又前后连接，恰到好处。

琵琶独奏

六幺独舞

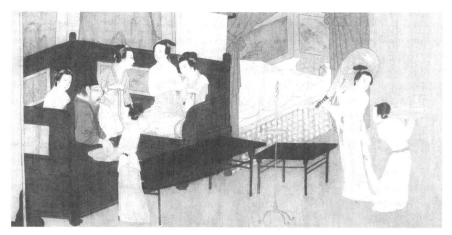

宴间小憩

管乐合奏

夜宴结束

我不知道李煜看到这幅画后的心情，是不是和画中韩熙载的表情一样沉重。他也许并未注意到，这是顾闳中在画中隐晦的暗示。虽然在宋代大军的铁蹄下，李煜极力示弱，又去除唐号，改称"江南国主"，但"雕栏玉砌应犹在，只是朱颜改"的悲痛，还是在他 42 岁生日时，成为绝唱。

　　那一晚，金杯玉盏，弄舞轻莲，似那"烈火烹油、鲜花着锦之盛"，也不过是"瞬间的繁华"。在《韩熙载夜宴图》完成后不久，南唐政权土崩瓦解，后主李煜和《韩熙载夜宴图》一样，成为宋代的战利品，最终在历史的长河中，消失不见。

　　不知还有没有人能听到，一个末世帝王，对故国家园的彻骨思念：

四十年来家国，三千里地山河。

凤阁龙楼连霄汉，玉树琼枝作烟萝，

几曾识干戈？

3. 府前有昆仑：《照夜白图》

　　说起马，它真的是跟人类十分亲近的动物。

　　古代时候的马在交通、畜牧甚至是战争中都有着重要的作用。中国人自古就喜欢马，不仅养马、骑马，而且还体现在绘画中。

　　"先帝天马玉花骢，画工如山貌不同。是日牵来赤墀下，迥立阊阖生长风。"这几句是出自唐代诗圣杜甫的一首长诗。翻译过来是：先帝的御马玉花骢，有 N 个画工都描绘过，但却没有一个画工能画得那么逼真。而这位曹将军奉旨画马，在仔细观察和构思后，便提笔作画，挥洒自如。他所画的马，就像是飞龙一般潇洒自在。古往今来的那些马，在这匹马面前黯然失色。

　　杜甫诗中的这位曹将军是谁呢？那就是唐代画马高手排名首位的

曹霸。在唐代，曹霸不仅本人喜欢画马，他的徒弟韩幹也是一位画马高手。《照夜白图》《牧马图》《神骏图》就是韩幹画马的佳作。

韩幹出身贫寒，原来只是在小酒家打工，一个偶然的机会被王维赏识，将韩幹推荐给曹霸当学生。学画了十几年后，这才有了相当成就，并且还受到唐玄宗的召见。玄宗问韩幹："你这个马是跟谁学的？"韩幹答道："您御马厩里的万匹骏马都是我的老师。"可以说，曹霸是写神胜于形，韩幹是写形胜于神。

画中的这匹"照夜白"，是唐玄宗最喜爱的一匹马。良驹都有一个特点，那就是桀骜不驯，不服管束。画中"照夜白"系一木桩上，昂首嘶鸣，似欲脱缰而去。韩幹画它的时候，特意选了这么一个场景，照夜白被拴在一根拴马柱上，鬃尾乱乍，蹄跳咆嚎，看这意思，要不

（唐）韩幹《照夜白图》

是被柱子拴着，早就冲出去给贵妃娘娘驮荔枝去了。

除了看马，画中这根拴马的柱子，也值得说说。这根拴马的柱子，没有任何装饰和雕塑，那可"真的是根柱子"。不过，说起中国古代府邸门前的拴马桩，那可是雕刻着各种饰物，有雕狮子的，有雕马的，甚至有的还雕刻着人。

本来嘛，拴个马，什么地方不能拴，墙上凿个孔，或者用个铁环之类的就可以解决，用得着费劲雕刻那么多装饰物吗？

说起这个原因，透着一股古代老百姓可爱的小聪明。

这种带有精美雕饰的拴马桩，来源于古代的华表，也就是一种石柱，叫作"望柱"，常立于官寺或碑亭旁，具有地标和指引风水的功能。后来，发展到皇帝的宫殿前也要立华表以表示威严。还记得故宫天安门前面的"望君出"和"望君归"吧，就是那东西。

以中国古代森严的等级制度，这种给皇家使用的华表，成为一种皇权的符号，老百姓是万万不能用的。老百姓如果想用怎么办？聪明的人们就开始琢磨了，反正门前也得放个拴马的东西，何不做成石头柱子，再放点雕塑，做高一点，两下一合，这不就是个简易的华表嘛。

你看，我并没有超越等级放一个华表，我只是把我家拴马的柱子刻了个装饰性的狮子放上，你不能说我什么吧。

于是，越来越多的老百姓人家的门前放上了这种柱子。至于拴不拴马，是不重要的，何况大门前也不是马厩，拴一堆马在那儿，堵塞了交通也是不好的。

就这样，石制的拴马桩和大门前的上马石、下马石、抱鼓石等其他石制构件一起，形成了民间住宅大门前的仪式感。这种仪式感，来源于华表和望柱等超越礼制的威严感，也来源于拴马桩等建筑构件自身极强的装饰性。

这种仪式感，也就是中国古代建筑最大的魅力。你看四合院上的这些个讲究，门前要有拴马桩、上马石、下马石，门口要有门墩抱鼓石，大门上还得有门环、门钉，上面有门簪下面有门槛，更别说椽子上的彩画、墀头上的雕塑了。这一套下来，门前这一亩三分地儿算是武装到牙齿了。如果你是个王爷，那讲究就更多了，王府大门对面还要有雁翅影壁，出门时由仆人将马牵到上马石前，你很容易就"走"上马了。

要说中国建筑上的雕刻，那可就讲究了，根据材料的不同，有"三雕"之说，也就是砖雕、石雕、木雕，它们主要承担了建筑上的装饰部分，使中国建筑不只有遮风避雨的功能，更具有极高的艺术价值。

4. 魏晋好声音：《竹林七贤图》

说起三雕，有一种题材，是中国古代建筑雕塑上最常见的纹样，不管是在壁画、影壁墙、画像砖还是陶器装饰上，这个题材都非常常见。这节咱们就聊聊这个著名的偶像天团。

这个团体，是由颜值和实力并存的七大男神组成，琴棋书画样样精通，诗词歌赋信手拈来。不过他们存在的时间离现在有点远，是距离现在1700多年的魏晋时期。你知道了吧，来，跟我一起念出他们的名字——竹林七贤！

竹林七贤是魏晋时期的七位文人雅士，因为时常在竹林里喝酒卖萌，所以人称竹林七贤。这些人里面有会弹琴的，有会作曲的，有爱打铁的，有喝酒不要命的，还有爱裸奔。他们是：谯国嵇康、陈留阮籍、河内山涛、河内向秀、沛国刘伶、陈留阮咸、琅邪王戎。在那个曹魏政权和司马政权明争暗斗的时代，这七个人演绎出不同的处世哲学。

嵇康：帅掉渣的杠头

嵇康是竹林七贤中的灵魂人物，他不但长得帅，而且个子高，又娶了曹操曾孙女长乐亭主为妻，没事时还喜欢玩一种专为高富帅定制

竹林七贤与荣启期砖画

的极限运动：打铁。他一生性格放浪，桀骜不驯，对不喜欢的人充分发挥了"杠头"的本色，要不就横眉冷对，要不就像对待空气一样。

嵇康对司马政权更是像严冬一样冷酷无情。司马昭想请他出来做官，他干脆一跑了之。同为竹林七贤之一的山涛想举荐他做官，他竟然写了一篇绝交书给他。他这种泾渭分明的态度也导致了后来的杀身之祸。

阮籍：爱翻白眼的陪睡男

阮籍在竹林七贤里的地位不次于嵇康，他8岁能写文章，终日弹琴饮酒，喝起酒来如入无人之境。相传他家旁边就是酒馆，酒馆的老板娘年轻貌美，阮籍经常去她店里喝酒，喝醉了就躺在老板娘身边，摆出个销魂的姿势就睡了，完全无视"礼法"的存在。而老板娘的丈夫似乎也没觉得有什么问题。

阮籍还有个绝活,那就是爱翻白眼。对他喜欢的人他就黑眼珠看人,对他不喜欢的人,那可就是白花花的眼珠子伺候了。就算是嵇康的哥哥嵇喜,也受过他的白眼。

山涛:让老婆偷看自己朋友的模范丈夫

山涛是竹林七贤中年纪最大的一个。他和妻子韩氏的感情非常好,是个模范丈夫。这个韩氏不是个安分的主儿,听说丈夫有两个好朋友嵇康和阮籍,非要看看。于是山涛只好请两位朋友来家里喝酒,让妻子在旁边屋的墙洞里偷看,这一看竟然看了一夜,估计流的口水都够吃个早点了。

山涛很早就在司马政权里做官,当他想推举嵇康做官时,被嵇康无情地拒绝,还写下了传世之作《与山巨源绝交书》(山涛字巨源)。可嵇康在被司马昭杀害之前还是把自己的儿子嵇绍托付给山涛,并对嵇绍说:“有你山涛叔叔在,你就不会孤独了。”可见嵇康与山涛的情谊。还因此留下一个成语:嵇绍不孤。

向秀:陪老大打铁也是荣幸

向秀年少时以文章闻名乡里,但是他不善喝酒。在这个天天以喝酒为主要工作的团体里,不爱喝酒的向秀靠什么混呢?

答案是:陪老大打铁。向秀也十分喜爱打铁,经常是嵇康掌锤,向秀鼓风,哥俩合作得天衣无缝。在嵇康被杀后,迫于司马昭的压力,向秀不得不出来做官,但他也只是做官不做事,十分怀念以前的竹林生活。

刘伶:千古醉人爱裸奔

刘伶是竹林七贤里长相最丑的,拉低了天团的整体颜值。而他却是最有个性的一位。他最大的爱好就是喝酒,不把自己灌趴下绝对不收兵。他经常裸着身体在家里喝酒,客人看见了责备他不讲礼教,他就说:"我以天地为宅舍,以屋室为衣裤,你来我裤子里要干吗?"

这位酒仙还经常干一件奇葩的事,就是乘一辆鹿车,带一壶酒,让一个仆人带把锄头在后面跟着,还说:"我要是喝死了,你就就地把我埋了吧。"他留传下来的唯一作品《酒德颂》也是与酒有关,难怪后世干脆就用"刘伶"来代替酒的意思了。

阮咸:用裤衩当名片的魏晋好声音

阮咸是阮籍的侄子,与阮籍有"大小阮"之称。他为人也是不拘礼法,颇为当世所讥讽。当时在民间有个习俗,就是在七月七这天,大家都要把衣服拿到院子里晾晒。这无形中就成了富人的炫富场,各种貂皮衣物锦缎被子互相攀比。只有阮咸用竹竿挑着自己的一条大裤衩,挂在大家面前,还一个劲儿地说:"我也未能免俗啊,大伙凑合看吧。"

在竹林七贤里,阮咸与嵇康、阮籍一样,都是音乐达人。阮咸是当时的琵琶大师,有很高的成就,后世干脆就把琵琶称作阮咸了。用人名来命名乐器,在世界音乐史上也是仅此一例。

王戎:神童如何变渣男

王戎出身名门,是著名的琅琊王氏(与王羲之同宗)。他身材矮小,但自幼聪明,眼睛特别亮,是当时有名的电眼萌娃。小时候他在路边看到满树的李子,别的孩子都争相去摘,只有他不动,别人问他,他说:"树在道旁而多果实,果实必苦。"验证之后,果然如此。

王戎做官后,变得越来越实际,甚至成了魏晋有名的吝啬鬼。他经常和夫人在家里数钱,估计是变成了一种爱好。他卖的李子都要把果核钻透才卖,为的是不让别人种出和他一样的李子树,这大概算是最早的版权保护意识了吧。

竹林七贤生活的魏晋时期,曹马之争十分激烈,可以说每天都生活在阴影和压力之下。这些有气节的名士为了生存,练就了醉酒避祸、装疯卖傻、写绝交书等生存办法,当然也有嵇康那样不怕死的和阮籍那样用白眼珠抗议的。这不能不说是那个时代文人的悲哀，却也为我们留下了一段另类的传奇。后世更是用多种艺术手法再现了竹林七贤的风采。

下次参观古建筑时，看到有七八个人在竹林里坐着的砖雕，弹古琴的那个是嵇康，醉卧那个是阮籍，弹琵琶的那个是阮咸，喝酒的那个是刘伶，小个子的那个是王戎。不用问导游了哦！

5. 宋徽宗的"祥瑞"闹剧：《瑞鹤图》

篇一

一支饱蘸墨汁的狼毫，轻轻地落下。

笔下的那张纸绢，光洁柔韧，细密如丝，乃是经过加糨、加捶、砑蜡和上浆等工序加工而成的"熟绢"。米芾在《画史》里说："以热汤半熟，入粉槌如银板。"经过这种"捶制法"加工的熟绢，表面光滑细洁，温晕柔软，最适合精勾细染，刻画入微。

这支笔的主人，此刻正气定神闲地端坐于书案前，提笔疾书，一气呵成。一道道大小适中的横、竖、撇、捺，从笔尖飞快地甩出，熟练地组成一个个飘逸潇洒的汉字，每个位置都不偏不倚，恰如其分。

篇二

政和壬辰，上元之次夕，忽有祥云拂郁，低映端门。众皆仰而视之，倏有群鹤，飞鸣于空中。仍有二鹤对止于鸱尾之端，颇甚闲适，余皆翔翔，如应奏节。往来都民无不稽首瞻望，叹异久之，经时不散。迤逦归飞西北隅散，感兹祥瑞，故作诗以纪其实。

这是北宋皇帝徽宗赵佶在《瑞鹤图》上题写的跋文。讲述了这幅画的创作背景，同时也是一次十分重要的祥瑞事件：北宋政和二年

（1112）正月十六日，元宵佳节的第二天。北宋都城开封城内张灯结彩，热闹非凡。宣德门外，百姓熙熙攘攘，正在庆贺上元。忽然一片祥云飘来，笼罩在宣德门上。一群白鹤飞舞于空中，翩翩起舞，更有两只白鹤对立在宣德门正脊两边的鸱吻上。老百姓也都看到了这种祥瑞之景，无不惊叹。白鹤在宣德门上空盘桓一阵，最后往西北方向飞去。

在宋徽宗的题跋里，这个"鹤舞端门"的事件，是他自己亲眼所见。皇帝所见，哪能有假，所以要赶快画下来，还要写跋、题诗，一为增加真实感，二为这件事能够"庶俗知"，也就是让天下的老百姓都知道这件事的来龙去脉，让天下人都知道，大宋江山在我赵佶的统治下，是多么风调雨顺、太平祥乐。所以这幅《瑞鹤图》就不单单是一幅建筑花鸟画这么简单了，而是承载了更艰巨的使命。

篇三

《瑞鹤图》，绢本设色，纵 51 厘米，横 138.2 厘米，现藏于辽宁省博物馆，传为宋徽宗所作。为什么是"传"呢？也就是这幅画未必是赵佶本人所画，很可能是由画院之人"代笔"，也就是"御题画"，由皇帝提出命题和方向，由画院的画师依题而画。

宋徽宗是皇家画院的开创者，"宣和画院"就是专为皇帝画画的官方机构，那是想怎么"代"，就怎么"代"。很多传为赵佶所作的画作，如《祥龙石图》《芙蓉锦鸡图》等，都有可能是皇帝命题，画院代笔执行的。当然，写在上面的题跋和御题诗还是要赵佶亲自书写，毕竟他的瘦金体当世无人能写。

《瑞鹤图》的绘画部分，构图上分为两部分，上半部分是天空和飞舞的十八只白鹤，下半部分是被祥云笼罩着的宣德门屋顶部分，还有站在两个鸱吻上的一对雄赳赳气昂昂的仙鹤。

这个构图舍弃了城门下半部和城门下翘首雀跃的百姓，把焦点只聚焦在城门屋顶与天空中的白鹤。在今天看来，这是一个典型的"中景"景别。可以这么说，这么大胆的构图，是对北宋当时盛行的全景式构图的一次颠覆，也使这幅画看起来十分超现实，充满了魔幻感。

《瑞鹤图》中的大部分空间被巨大的城楼占据着。赵佶的题跋里说"忽有祥云拂郁，低映端门"。宣德门，是当时北宋都城开封府皇城的正南门，也就是端门。中国古代的皇城正南门，大部分都叫做端门，如隋唐洛阳皇城的端门，明清北京皇城的端门，当然还有开封城的端门。宋程大昌所撰《雍录》卷二写："凡宫之正门，皆可名端门。"

《瑞鹤图》局部

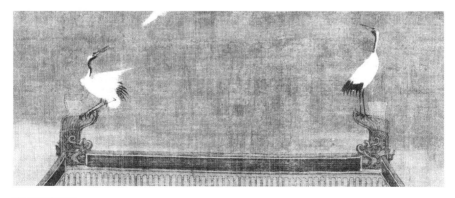

宣德门屋顶

《史记·吕太后本纪》中也有："代王即夕入未央宫，有谒者十人持戟卫端门，曰：'天子在也，足下何为者而入？'"这说明至少在汉代就已经有端门之名。

端门又是历代王朝庆贺元宵佳节的地方。"元宵赏灯"的习俗始于东汉，相传汉明帝刘庄信奉佛教，而佛教盛传正月十五是"参佛"的吉日良辰，于是他下令皇宫寺庙、民间百姓要在正月十五这一天"点灯敬佛"，慢慢地就在民间形成了元宵节点灯的习俗。而隋炀帝杨广更是把"元宵节端门观灯"这一活动发扬光大，元宵节期间在端门挂满彩灯，全城庆贺，以示皇帝"与民同乐"。司马光《资治通鉴》也记载，大业六年（610）正月，隋炀帝将大臣们聚集在洛阳城端门前庆贺元宵，"街盛陈百戏，戏场周围五千步，执丝竹者万八千人，声闻数十里，自昏达旦，灯火光烛天地"，巨大的红灯笼遮天蔽日，街上杂耍唱戏经久不息，老百姓在街头看戏观灯，通宵达旦，从此端门也成了元宵佳节期间，全城最热闹繁华的地方。

篇四

也许是被喧闹嘈杂的人群和明亮辉煌的灯火吸引，宣德门上空飞来十数只白鹤，飞舞盘旋，经久不去。有两只白鹤更是落在了宣德门屋顶巨大的鸱吻之上，完全没把鸱吻上赶鸟用的"抢铁"放在眼里，就像两个来视察工作的领导，顾盼生姿，俯视苍生。宣德门硕大的屋顶像一只摇摆不定的大船，与皇宫内许许多多条同样的大船一样，满载骄淫与奢靡，驶向毁灭的彼岸。

北宋徽宗时期，无论是民居建筑还是宫廷建筑，都已发展得十分成熟，当时的东京开封府，更是一座人口百万、商贾云集的国际大都市。这"开封"之名，源于春秋时期，郑国庄公在这里修筑粮城，为取"启拓封疆"之意，定名"启封"。汉代景帝时（前156），为避汉景帝刘启之讳，又将启封更名为"开封"，这才传至今天。

北宋末年的城市，早已取消了唐代的"里坊"制规划，沿街没有了坊墙隔离，商铺店面、酒肆茶坊，可以沿街营业，整个城市商业氛围浓厚，极大地发展了北宋当时的手工业和商品经济。

开封城当时有三道城，外城、皇城和宫城。宣德门就是宫城的正南门，由主城门、两朵楼及两阙组成，平面呈"凹"字形。仔细看《瑞鹤图》，端门居中，两侧还有两个城楼，那就是城楼两边的朵楼。同为北宋时期的卤簿钟（辽宁省博物馆藏）上，也刻有宣德门城楼的形象，五门道城楼，两侧各出三阙，有廊庑相连。这是古代宫殿阙楼非常重要的演变时期，对后来的金中都、元大都，直至明清故宫的城门形制都有很大的影响。

篇五

鹤，在古代并不是寻常动物，而是"祥瑞"之一。由于通体雪白，又能高飞于天际，再加上鹤的寿命通常可达 50 至 60 年，谓"千岁之鹤，随时而鸣"，自然被作为仙人的坐骑或是随从，所以通常被称为"仙鹤"。

在宋徽宗崇尚的道教中，仙鹤正是通仙之鸟。仙鹤作为仙人的坐骑的记载十分普遍，更有仙人直接就是鹤变的。陶渊明所撰《搜神后记》卷一就记载了一位道教中的仙人丁令威学道于灵虚山，后化鹤归辽，集城门华表柱的故事。

画中城楼周围，云雾缭绕，如入仙境，赵佶所题跋文中也有"忽有祥云拂郁"一句。《汉书·天官书》中说："若烟非烟，若云非云，郁郁纷纷，萧索轮囷，是谓庆云。庆云见，喜气也。"中国古代将云视为祥物，基本上所有的天宫、仙府都是覆满祥云。众鹤是乘云而来，那自然是货真价实的"仙鹤"了。试想，如果飞上宣德门屋顶是一群鸽子或乌鸦，那么打死宋徽宗也不会将此事昭告天下。当然，对于这出自编、自导、自演的年度大戏，总导演赵佶同志肯定是要倾情奉献、掌控全局，并且在自己的治国履历上狠狠记上一笔了。

也许赵佶觉得只是仙鹤高飞还不能表现他治国有方、神仙眷顾的功绩，于是在画面的中心，又放置了具有象征意义的"对鹤"。"仍有二鹤对止于鸱尾之端，颇甚闲适，余皆翔翔，如应奏节。"宣德门正脊两边巨大的鸱吻之上，两只仙鹤一左一右，神情闲适，左鹤展翅，右鹤回望，形成了一种"双凤朝阳"的造型。

现在发现的早期的"双凤朝阳"文物，出土自河姆渡遗址的"双凤朝阳"象牙饰牌，还有四川广汉出土的"双凤戏壁"纹样。汉代画像石画像砖中所画的"对凤"，造型就是两只凤凰立于屋顶两端，这和《瑞鹤图》中的造型已经非常相像了。

宋徽宗赵佶不但在画中使用了双凤造型，而且在御题诗中，也已经默默地将双鹤与双凤等同起来。"仙禽告瑞忽来仪"，已经直接写明是"仙禽"，而且是"来仪"。自古"有凤来仪"就是形容凤凰来此栖息的意思，用来比喻皇帝后宫的嫔妃。《红楼梦》中，"有凤来仪"是大观园试才题对额时宝玉所题，所指的就是贵为皇妃的元春。后来"有凤来仪"被元妃改为潇湘馆，呼应了两个地位与"凤"相配的女子：作为皇帝妃子的元春和别号"潇湘妃子"的林黛玉。

通过以上种种"祥瑞"元素，大概可以把赵佶所需要的某种氛围烘托出来了：代表"与民同乐"之所的宣德门、代表仙境的云雾、代表凤凰来仪的群鹤与对鹤。赵佶想要告诉我们的一切，呼之欲出。

篇六

政和元年（1111），也就是宋徽宗炮制《瑞鹤图》的前一年，发生了一件不大不小的事。这件事看似偶然，最终却成为那只导致北宋覆灭的蝴蝶。

这一年，赵佶派遣端明殿学士郑允中为贺辽生辰使，童贯为副使，出使大辽，为辽国天祚帝祝寿。访辽路上，有一人来见童贯，自称是辽国人，名叫马植。这个人虽是辽人，但生于宋代旧地，不满辽主的统治，对童贯说可以献计帮宋代收回燕云十六州。童贯大喜，将马植带回开封，并将他改名为李良嗣。

李良嗣向宋徽宗赵佶详细陈述了辽天祚帝荒淫无道、政治腐败和金兵已迫近燕京等情况，并为赵佶献计如何联合金国合力消灭辽国，趁机收回燕云十六州。赵佶遂大喜，赐他朝议大夫、秘阁待诏等职位，并赐国姓，改名赵良嗣。于是，赵佶开始了联金灭辽的一系列行动。

燕云十六州，又称幽云十六州，是指中国北方以幽州（今北京）和云州（今山西大同）为中心的十六个州，即北京、天津北部（海河以北），以及河北北部、山西北部等地区。后晋开国皇帝石敬瑭因反唐自立，向契丹求援，将燕云十六州割让给辽，使辽的疆域一直延伸到长城以南。自此，这个北方最重要的战略要地使北宋感受到威胁，长达160年。

北宋皇位传到赵佶这儿，已经是第八个皇帝了。从宋太祖赵匡胤开始，收复燕云十六州就是一生最大的梦想，赵佶也不例外。"澶渊之盟"以后，宋辽长达百余年的和平使这个梦只能暂时搁置。现在，这个叫李良嗣的辽国人，带来了好消息，使赵佶有可能成为那个灭辽兴宋、收复国家失地、将北宋带上最辉煌时刻的人，这让赵佶怎能不欣喜若狂。

绘制《瑞鹤图》的过程中，赵佶有没有可能将他喜悦的心情描绘进袅袅的云雾、飞舞的群鹤中去，我们不得而知。但在这幅色彩艳丽、构图平稳的祥瑞画中，我们也许会感受到某种威仪的、璀璨的、欣慰的东西。这是赵佶为自己摆下的最隆重的庆功典礼，不只是对自己治国方略的歌颂，也是对赵宋王朝合法性的再一次强调。

众所周知，北宋以宋太祖"陈桥兵变"为开端，但"黄袍加身"却不足以作为武力开国的注脚。史传"太祖篡夺得国，太宗篡夺得位"，一系列烂摊子使国家秩序失当。赵佶用筑九鼎、制造祥瑞、编纂《宣和睿览册》、编制大晟乐等方式，为自己，也为体现宋王朝的君权与神权做出一次次努力。

只不过这些努力，在他赖以联合的金国灭掉北宋之后，在将他和宋钦宗解往五国城的路上，被冰冷刺骨的凛冽寒风，吹散在茫茫的雪地之上。

而《瑞鹤图》，这个可能是赵佶一手炮制出来的"祥瑞闹剧"，除了在艺术史上高山仰止的成就之外，所剩的，就只是那些永远实现不了的梦想与奢望了。

6. 一个人的暗战：《萧翼赚兰亭图》

从萧翼踏进永欣寺的那一刻起，他知道，一场单方面的"暗战"开始了。

一千多年前，王羲之身处兰亭山水间，满怀激情地写下了《兰亭集序》。这幅惊世之作如同一座巍峨高山，始终未被任何人翻越。虽然此后王羲之自己也曾数次重写《兰亭集序》，但却再也无法准确勾勒出永和九年的那场轻醉。

王羲之知道，《兰亭集序》所达到的极致之美是可遇不可求的，就像当年的"群贤毕至，少长咸集"的机会，无法复制。他将这幅作品珍藏起来，代代相传。到了唐代，传到了王羲之的第七代孙智永和尚手中。智永少年出家，在绍兴永欣寺为僧。由于无后，他又在临终前，把《兰亭集序》传给了弟子辩才和尚。

对于一代一代的传承者来说，《兰亭集序》对他们的意义并不仅仅是一幅书法作品，更是家族的命脉与荣耀，就像镌刻着整个家族命运的金光闪闪的族徽，将情怀与风骨，传承与希望，牢牢钉在历史的门楣。

酷爱书法的辩才将《兰亭集序》视为珍宝，秘藏在阁楼的房梁上，从不拿出来示人，以至于人们都知道《兰亭集序》是绝世珍品，却没人知道它的藏身之处。

然而，《兰亭集序》的下落瞒得了众人，却瞒不了四处收集王羲之书法的唐太宗。史书上说他得"真迹三千六百纸"存于宫中。就算收集了这么多，唐太宗还是不能满足，因为被人们称为"天下第一行书"的《兰亭集序》还没有找到。

经过多方查证，唐太宗得知《兰亭集序》的真迹很可能在辩才和尚手中。于是，他多次派大臣到寺中以重金求购，然而辩才每次都推说不知。唐太宗无计可施，就接受宰相房玄龄的建议，让御史萧翼用计去骗取兰亭。

萧翼这个人不但多才多艺，而且富有计谋。领命后，他扮作一个书生，有意去结识辩才，并和辩才一起谈书论画，品茗对弈。时间长了，辩才竟把萧翼视为知己，并将《兰亭集序》从房梁上取下，让萧翼欣赏。

油灯下，萧翼看着梦寐以求的《兰亭集序》一点点打开，就像开启了一道穷奢极欲的闸门，高官显爵、俊女美宅，正从王羲之的字字珠玑中喷涌而出，在茂林修竹、流觞曲水间肆意横流。辩才不会想到，当他在油灯下对自己的"知己"评论兰亭时，一双豺狼般的眼睛已经穿透了他的善良，刺向他用生命保护的族徽。

几天后，萧翼趁辩才不在时把《兰亭集序》偷走交给了唐太宗。他成功骗取《兰亭集序》后，得到唐太宗的丰厚赏赐，而辩才和尚却因为失去至宝而悔恨懊恼，不久后生了一场大病，离开了人世。

在无尽的岁月中，历史充当了记录者的角色。有人说"历史没有真相，只残存一个道理"，还有人说"历史是任人打扮的小姑娘"。不管怎么样，历史始终在那里，忠实地记录下一个个片断，等待后人将它们拾起，拼接成一个时代最真实的影像。

对于辩才和尚来说，萧翼是残忍的，他是一个将信任与良知踩在脚下的魔王，却还戴着无害的面具。而对于历史来说，萧翼也许能算个义士，他将被囚禁在房梁上的《兰亭集序》解救出狱，再经过一代代书法家的临摹复制，才使我们都能看到那个天朗气清的明媚午后。

唐太宗得到《兰亭集序》后，如获至宝，生怕再次失去，便花费大量时间，组织人员进行摹写和复制。不但有专业的摹写人员，诸多名臣如褚遂良、欧阳询、虞世南等都加入了复制的行列。唐太宗死后，大臣们遵照他的遗诏，把《兰亭集序》作为殉葬品埋进了昭陵。

五代十国时期，梁国节度使温韬在镇守长安期间，趁战乱之机盗掘了昭陵。但在温韬留下的清单上，人们并没有发现《兰亭集序》真迹的踪影。从此，《兰亭集序》便如那盏油灯燃出的青烟一般，缥缈消散在幽深的历史中。

乾隆和唐太宗是王羲之众多粉丝中级别最高的两位，但他们的表现却截然相反。唐太宗把兰亭真迹陪葬昭陵，让兰亭绝迹人间；而乾隆则是将兰亭刻在石柱上供后人欣赏。从某种玩笑的角度上看，乾隆或许可以说是萧翼的继任者，他们用接力的方式，将"兰亭"的一角从历史的裹覆中一层层地扒开，才让我们有机会欣赏到这幅传世之作。

在北京中山公园内，有一座重檐八角的亭子，她的顶部为重檐蓝瓦八角攒尖顶，最上面是金色圆形宝顶，亭身是八根红色圆柱，下面是八角石台，额枋为清式一字枋心旋子彩画，并有一座长廊横贯其中。亭内立着八根石柱和一个石碑，这八柱一碑本来坐落在圆明园内，是圆明园四十景之一"坐石临流"中的一个景点，后来被移到了颐和园，放在耶律楚材祠中，辗转多年才最终移至中山公园。这亭内的"八柱"，就是乾隆皇帝的"兰亭八柱"，"一碑"上刻着《兰亭修禊》图和乾隆的四首御笔诗。兰亭八柱上刻的内容主要分为三类：一、唐初书法家虞世南、褚遂良、冯承素临摹的《兰亭集序》；二、历代大书法家写的有关兰亭的诗；三、文艺青年乾隆同学自己仿写的一首兰亭诗。

唐代阎立本所绘《萧翼赚兰亭图》收藏在台北故宫。画的左边，一位侍从蹲坐在炉子前，正在搅动茶汤，对面的一名侍从，正把锅里的茶汤盛到碗里，准备向宾主奉茶。画面正中，辩才和尚盘腿坐在禅椅中，面容平和，正与萧翼侃侃而谈，毫无戒备。萧翼神情紧张，双手不露，正在暗中算计。站在两人中间的是辩才的徒弟，他皱着双眉，双手相握，似乎对萧翼有了一些怀疑。

透过这幅画，我们将历史扒开一道缝隙，窥视到了那个失去兰亭的片断。辩才与萧翼，还有那三个侍从，也许还有唐太宗和其他人，为我们上演了比剧场里还要真实的戏码。

《萧翼赚兰亭图》

仆僮

辩才

萧翼

7. 宋徽宗的文字植物：《秾芳诗帖》

博山炉中漫溢出的香雾，在空气中盘旋。

这是由一种名贵的香料，经过燃烧后升腾而出的袅绕烟雾。这种最早可以上溯到汉代的香料，是一种从抹香鲸身体里排泄出的分泌物，它必须经过海水几十年甚至上百年浸泡，制成的上等龙涎香，身价比黄金还要贵重。

那双手，在香气缭绕的苑囿中轻轻舞动。紫檀桌案上淡淡的烟雾被推开，那双手中所擎的狼毫细笔，在"白如春云"的江东宣纸上慢慢耕耘，留下细如兰草的笔迹。

写下最后一个"风"字，赵佶放下笔，仔细端详着纸上这幅诗作，轻轻地点了点头。

宋徽宗的艮岳，集天下奇花异草于一隅，在崇山峻岭中肆意生长。如果说这些山石间的幽兰翠竹尚有寿命的话，那么还有一种植物则超越了时间与生命，诞生于北宋都城汴京的皇家宫殿中，成长于龙涎香气弥漫下的端砚宣纸之上。那是盛开在赵佶笔下的文字植物，每一处枝丫，都飘荡着迷人的墨香。

那就是宋徽宗的瘦金体。

从来没有一个帝王，能将笔下的书法写得如此出神入化，灿若朗星，以至于在军事上将他踏在脚下的敌人，也要笨手笨脚地模仿他的笔体，以显示自己的文化深度。在政治上一败涂地的赵佶，只要拿起一枝狼毫，立刻如将军持枪上马，以锋为招，气为式，挥笔如长枪般飞舞，泼洒出刀劈斧凿般的墨迹，成为君临天下的霸主。那笔画，每一处转折都瘦到极致，如模特般形销骨立，却又符合大众的审美。

书法中的环肥燕瘦，是两种不同形态的美，就像欧阳询所说："肥则为钝，瘦则露骨。"以"肥"字瞩目天下的人，当属颜真卿。他擅长行书和楷书，并自创了一种字体——颜体。他和柳公权一肥一瘦，并称为"颜柳"，有"颜筋柳骨"之称。

赵佶的瘦金体，比柳公权的还瘦，每一笔都如剑兰般婀娜，正如明人薛网咏兰诗云："西风寒露深林下，任是无人也自香。"

"瘦金"，实为"瘦筋"，因出自帝王之手，所以用了个更加富丽堂皇的字眼，以示对皇帝的赞美。书法也看筋骨，既要瘦得骨骼清奇，没有一丝赘肉，又要挺拔潇洒，没有羸弱之态，做到"瘦而腴、肥而秀"。大概只有帝王家的钟鸣鼎食，才喂养得起这种仪态万方的文字植物。这是一种用富贵浇灌出的物种，每一片笔画中，都闪耀着皇权的辉光。

赵佶的书法，初习黄庭坚，后又学褚遂良和薛稷、薛曜兄弟，杂糅各家所长，才创造出瘦金这种独一无二的字体。台北故宫藏有赵佶瘦金体《秾芳诗帖》绢本，这是赵佶留传下来的瘦金体书法中最独特的一款，是当之无愧的徽宗瘦金第一帖。

赵佶的其他瘦金体书多为小字，北京故宫所藏的《闰中秋月》和《夏日诗帖》等都是纵约35厘米、横44.5厘米的册页。唯独《秾芳诗帖》为大字，整幅字帖纵为27.7厘米，横达340厘米，俨然一幅长卷。而每行仅写两字，共二十行。诗云：

秾芳依翠萼，焕烂一庭中。零露霑如醉，残霞照似融。

丹青难下笔，造化独留功。舞蝶迷香径，翩翩逐晚风。

《秾芳诗帖》

这首诗，是赵佶四十多岁时创作的，但应该是北宋还没有被金国的两路强兵攻破的时候。那时的赵佶，身体健康，意气风发，掌管着世界上百分之六十的财富。他下笔的时候，想必也是气定神闲、一气呵成的。

那也许是一个阳光明媚的早上，庭院中的花草娇艳欲滴，花瓣上零星洒着几颗露珠，晶莹剔透。飞舞的蝴蝶被花香熏得如痴如醉，在风中翩翩起舞。这样的景象，美得画都画不出来，大概只有文字才能表达这种意境。

单字欣赏

这么美的事物，赵佶一定急于将之记录下来。于是，他用举世无双的瘦金体，在龙涎香气漫漶成的图腾下，在汴梁城皇城的宫廷深处，培育成一片美如兰花的植物群。那是一片巨大的兰草，是赵佶瘦金书库里最伟岸的作品。

著名史学家陈寅恪曾言："华夏民族之文化，历数千载之演进，造极于赵宋之世。"北宋的 GDP，最高时达到了一亿六千万贯，兑换成美金就是 152 亿元，占世界百分之八十，超过了任何一个封建王朝。当然，也只有这么巨大的财力，才能建造得起艮岳、延福宫这样的巨型园林。

瘦金体这种文字植物，一定是在艮岳这种皇家园林里成长，才有可能开枝散叶，长成艺术史上耀眼的珍奇。反过来说，也只有在艮岳这种体量的皇家宫廷，才能容纳得下一个艺术家的巨大想象力。

很多人说赵佶是被历史放错了地方，假如他只做他的王爷，不做皇帝，也许是个出色而成功的艺术家。但反过来想，假如没有帝王家那种绚丽而富足的生活，也许根本不会诞生这种书法。

园林不同于宫殿。皇家苑囿的功能更多是娱乐与放松，这是与宫殿的职能相反的。园林更适合于书写。露水、残霞、舞蝶、香径，都是在一种静心的平和之中才能自然地流露出来，这是以权谋和制度为终级内容的宫殿提供不了的。

宫殿是一个国家权力的中枢，也是帝王展示国家威严与国力的地方。不管是汉代的未央、长乐，还是大唐的大明宫、明清的紫禁城，无一不是国家政治的产物，是皇权徽杖上浸透血色的宝石。

而园林苑囿，则是皇帝们的另一种生活方式，是紧张甚至扭曲的政权生涯中最有可能接近人性的地方，也是极尽享乐的场所。一但迷恋上，那就是以国家为代价的交换，宋徽宗和北宋的命运已经印证了这一点。

当赵佶的宫殿中日夜弥漫着昂贵的龙涎香时，当耗资巨万运送来的奇花异石源源不断地搬进艮岳的山林间时，在皇城之外的国土上，百姓饥饿痛苦的呐喊声早已被雕金画银的梁柱所阻挡，丝毫传不进赵佶的耳朵里。

养尊处优的赵佶也许并不知道，在他温暖的宫室之外，是刚刚开始的长达 100 年的"小冰期"。来自中亚细亚内陆沙漠的冰冷彻骨的季风，直接掠过大面积的北宋国土，使中原的土地大面积干旱，快速地沙漠化。北宋政和四年（1114），北方部族女真首领完颜阿骨打仅靠 2500 人起兵反辽，一年后建立大金国。十多年后，这个国家先后灭了大辽和北宋。寒冷透骨的五国城，也成为了徽钦二帝的最后归宿。

赵佶在初登大宝时，一定也希望自己是一个好皇帝。但最终却成为历史上最失败的一个北宋皇帝。

如果赵佶不是那么多才多艺，会不会成为一个好皇帝？又或者说，一个有才华的皇帝，为什么做不成一个好皇帝？这也许是历史的悖论。

在赵佶之前，南唐后主李煜也是个多才多艺的皇帝。他能书擅画，书法最擅长行书，宋《宣和画谱·李煜》称他的字"遒劲如寒松霜竹，谓之金错刀"。他的词更是天下无双，创造出无数传世佳作。再往前数，唐玄宗李隆基更是才华横溢，书法善八分、章草，音乐上更有天分，作有《霓裳羽衣舞》这样的传世之作，能演奏琵琶、二胡、笛子、羯鼓等多种乐器，被尊为"梨园"之祖。

这样有才华的皇帝，在治理国家上，无一不是昏庸腐败，糊里糊涂，把大好河山拱手送人。赵佶和李煜都是亡国之君，李隆基在创造了"开元之治"后，沉迷酒色，宠信奸臣，最终爆发了"安史之乱"，唐代从此山河黯淡，由盛转衰。

我们总是嘲笑清乾隆皇帝的农家院品位，他的诗作也大多是"一片两片三四片"的口水歌，与宋徽宗这些艺术皇帝相差好几个等级。但也许正是这样，乾隆才能以"十全老人"的称号，延续"康乾盛世"这件真正的艺术品。

对普通人而言，艺术也许只是陶冶情操和抒发情怀的爱好而已，但对于权倾一国的皇帝来说，则可以调动整个国家的资源为自己的爱好买单。艺术不再是个人的事，也不再局限于写写画画。国家的力量，可以让艺术成为高山仰止的"纪念碑"，比如花石纲，比如艮岳。

但那同时需要以国家为代价，或者说，以人为代价。就算瘦金体美若兰花，娇艳无双，也是种植在无数人的尸骨遗骸之上。

8. 天下一人：《祥龙石图卷》

宋徽宗赵佶，宋神宗第十一个儿子，宋代的第八位皇帝。

以皇帝身份在位的 25 年里，他是一个不折不扣的昏君；但如果以艺术家的身份看待他，他却是一个罕见的天才。所以后来有人说他"宋徽宗诸事皆能，独不能为君耳"。

宋徽宗的《祥龙石图卷》画的是宋代宫苑中的一块奇石。这块石头十分奇特，石体凹凸有致，形状就像一条蜿蜒的腾龙，所以被命名为"祥龙石"。更奇的是，在这块祥龙石的顶部，还有一湾池水，在水边还种着一株水草，水中还有鹅卵石——这不就是个小生态圈嘛。

《祥龙石图卷》的左侧，是宋徽宗用他举世闻名的瘦金体书写的祥龙石小序和一首七言律诗。以宋徽宗在书法绘画上的造诣，连画带写带作诗，全都自己包办了，这就叫：不会画画的书法家，不是好皇帝。

《祥龙石图卷》

在这幅《祥龙石图卷》中，已经把宋徽宗的三大爱好全部展现了出来。

他的第一个爱好就是搜集奇花异石。

在九百多年前的中国，人们提倡天人合一，也就是对大自然的崇拜。但这么一来，大自然中的奇花异石也就倒了霉，被人们从山里采到人间，供人收藏和赏玩。而宋徽宗对于奇石的喜爱，更是到了痴迷的程度。为了收藏天下的奇石，他下旨建造了一座令后人惊叹不已的石头园林，这就是艮（音亘）岳。艮岳的位置在汴梁城，就是现在的河南省开封市的东北角，之所以选择这个位置，是因为当时有人给宋徽宗算了个卦，说他若想子嗣兴旺，就要将东北角的汴梁城地势垫高。

宋徽宗立志要把艮岳修建成一座奇石博物馆，就动用了上千艘船运送奇石。全国各地的奇花异石，被源源不断地运到汴梁，也随之产生了一个特有的名词——"花石纲"，也就是指专门运送奇花异石的船队。在《水浒传》里，青面兽杨志就是负责运送花石纲的保安队长，可惜在黄河里遇到风浪失掉了花石纲，不得已才上了梁山自主创业。

《祥龙石图卷》局部

　　宋徽宗搜寻奇花异石的时间长达 20 年之久，老百姓家里的每一块好石头，每一棵好树，都会被贴上黄条，表示这个好东西的归属权已经是宋徽宗的了。一时间，太湖石、灵璧石这些奇石的产地被弄得鸡飞狗跳墙，拆房的拆房，拆城门的拆城门，不管多大的石头都得运到汴梁。

　　祥龙石就是其中之一。

六年后，艮岳修建完成。园中的景色宜人，处处鬼斧神工。其中最大的一座石山高达 150 米，相当于现在四五十层楼的高度，全部由奇石叠砌而成。

北宋灭亡以后，艮岳中的大部分奇石散落在各处，祥龙石早已踪迹全无。如今，也只能从《祥龙石图卷》中一睹其真容了。

除了喜欢奇花异石，宋徽宗的第二大爱好就是画画。通过《祥龙石图卷》，我们可以领略到这位皇帝的高超画艺。宋徽宗酷爱绘画，他在位期间将画师的地位抬得很高，还将绘画列入科举考试科目，以此招揽天下的绘画人才。赵佶在位期间还专门成立宣和画院，广招学员，并亲自给他们上课，教他们画画。

有了这位超级教师的栽培，各位学员纷纷表示："这画不好就有可能掉脑袋的活儿，能不干就更好了。"

正是宋徽宗的重视和大力倡导，极大地促进了中国画的发展，也培养了像王希孟、张择端、李唐等一批优秀的画家。

在《祥龙石图卷》中，祥龙石被画得玲珑剔透，棱角凹凸起伏，洞窍、纹理极富变化。宋徽宗先用线条勾勒出石头的轮廓和纹理，然后再以水墨晕染，表现出奇石的质感与明暗。石上的花草以双钩填色的方法画成，毫无刻板的感觉。画卷上虽然景物不多，但造型奇特雅致，表现细致入微。整个祥龙石看起来更像一条即将飞升的盘龙，龙身上很多的小坑就好像是龙的鳞甲。这条龙张着大嘴，好像在喷云吐雾。

所谓奇石文化，其实并不主张太像，就像狂草字体或根雕艺术，意境恰恰就是在像与不像之间，而祥龙石恰好体现了这一点。

在《祥龙石图卷》的左侧，有宋徽宗御笔书写的题记和题诗。题记中说明了祥龙石的位置：这块石头被放置在艮岳御苑中环壁池之南，与胜瀛相对，因为形如虬龙出水，所以被视为祥瑞的象征。

在题记的左侧，宋徽宗还写了一首七言律诗，以此诗句来表达他对祥龙石的赞美之情。

彼美蜿蜒势若龙，挺然为瑞独称雄。

云凝好色来相借，水润清辉更不同。

常带暝烟疑振鬣，每乘宵雨恐凌空。

故凭彩笔亲模写，融结功深未易穷。

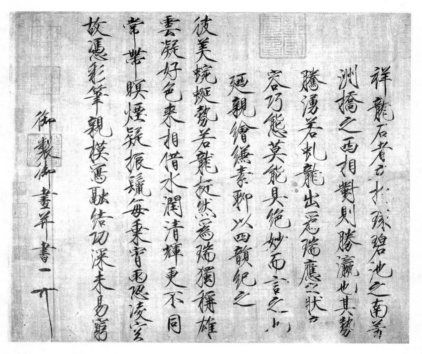

《祥龙石图卷》题记和题诗

宋徽宗书写题记和题诗所用的，正是他天下无敌的瘦金体。这正是他的第三大爱好：书法。

如果你仔细看宋徽宗的瘦金体，会发现那笔画既像柳叶，又像刀刃，撇能扎死你，捺能戳死你。也许《倚天屠龙记》里，张三丰传给张翠山的那门写字的武功，写的就是瘦金体，要不怎么随便写个横写个竖都能把人打飞呢？

其实，宋徽宗创作瘦金体的灵感是从唐代的褚遂良和薛稷两位大师那里受到的启发。瘦金体看起来侧锋如兰竹，尖细挺拔，那是因为褚遂良和薛稷两位书法家的字笔画都比较瘦硬，再加上宋代书法家黄山谷的开放式结构，就形成了线条挺拔潇洒的瘦金体。

宋徽宗的这幅《祥龙石图卷》书画合璧，在宋代绘画中别具一格。画上还有宋徽宗独有的"天下一人"的画押，也就是他的个人签名。

古代的画押有的使用文字，有的则使用特殊的符号，成为个人的专用标记。宋徽宗的画押，看上去像一个结构松散的天字。其实，是由"天下一人"四个字组成。嗯，天下一人，说得好——大宋的天下确实就断送在这一个人手中。

《祥龙石图卷》既让我们了解了宋徽宗的艺术造诣，也让我们了解到一个昏庸的皇帝是怎样炼成的。这是他为自己亲手描写的腐败证据，也是他后来悲惨命运的开始，怨不得别人。

还是看画吧。

9. 一顿烤肉安天下：《雪夜访普图》

篇一

"嗞……嗞……"

通红的炭火炙烤在鲜嫩的肉片上，渗出滑腻的油脂，犹如琥珀般闪亮，不时冒着淡淡的青烟，从腌渍过的牛肉表面慢悠悠地钻出，沿着一条条沟壑滚落下来，冲进燃烧的火盆，发出让人垂涎的声响。

炭火前，杯碟碗筷俱全，二人席地而坐，相谈甚欢。一人大刺刺地居中而坐，头戴青色软巾，身穿盘领窄袖团龙袍，仪表不俗。下首坐一中年人，方巾布袍，举止谨慎。也许因相谈气氛融洽，又或许是所谈话题过于重要，两人好像忘了眼前的烤肉与美酒，丝毫没有动筷的意思。

只听居中那人道："先灭北汉取太原，再取燕云十六州，后出兵南下，消灭南边诸国。卿所见如何？"那布衣中年人道："皇上圣明。不过，先取北汉太原，臣觉得不妥。太原西、北均属边塞，与辽接壤，灭北汉后，我大宋就要独挡西、北两面防御，实为不易。不如先灭南方诸国，然后再图太原，料这弹丸之地早晚是圣上掌中之物。"

"哈哈哈，朕早有此意，刚才只是试一试卿罢了。"居中那人笑道，举起酒杯，一饮而尽。

篇二

当我第一次看到这幅画时，总觉得画面上哪里有些不对，但一时又看不出来。

《雪夜访普图》轴，明代刘俊所画，绢本淡设色，纵 143.2 厘米，横 75 厘米，现藏北京故宫博物院。画中的主体部分是一座两面坡屋顶的厅堂，屋中二人正在饮酒对谈。居中穿龙袍者，就是北宋开国皇帝赵匡胤，侧面拱手之人就是宋初名相赵普。赵匡胤胖大的身子微微前倾，眼神与赵普相对，说明二人相谈正欢，气氛融洽。旁边只露出半个身子的女人，就是赵普的妻子，正在端酒侍立。屋外白雪皑皑，树木、屋顶、远山等景物都已被白雪覆盖，说明雪下得很厚，可知两人说话的时间也不短了。

这两人在屋里吃喝烤火嗨得不行，可苦了在赵普家院外等待的皇家军卒了。他们显然已经等了很长时间，有的把手缩进了袖子里，有的捂在了耳朵上。主人在屋中烤火喝酒，他们只能在天寒地冻中喝西北风，那滋味实在不好受。

刘俊是明代画家，字廷伟，擅山水、人物，是当时的宫廷画家，传世作品有《雪夜访普图》（北京故宫博物院藏）、《汉殿论功图》（美国大都会博物馆藏）、《刘海戏蟾图》（中国美术馆藏）、《周敦颐赏莲图》（美国明尼亚波利斯美术馆藏）等。

画中左下角有很清晰的作者落款："锦衣都指挥刘俊写。"咦，这个画家还是个锦衣卫？

《雪夜访普图》

赵匡胤、赵普、赵普妻

随从

说起"锦衣卫",估计你们没有不知道的。锦衣卫设立于明洪武十五年（1382），职能是"掌侍卫、缉捕、刑狱之事"，也就是直属皇帝的禁卫军和仪仗队，更是皇帝身边的情报机构和贴身侍卫组织。

那么问题来了，为什么让一个锦衣卫负责画这幅画？

其实是这样的，明代的宫廷画家没有专属的职衔，大多被授以锦衣卫的官衔。"都指挥"是锦衣卫中的二品官职。这种挂名领取俸禄却没有实职的官衔也叫作"寄禄"，就是挂在锦衣卫名下领工资。刘俊被封为"锦衣都指挥"，其实是谁也指挥不了的，不过这倒也是个不小的官职，想必他也是皇帝所宠信的人。

讲了这幅画这么半天，我好像慢慢看出了这幅画上的问题。你有没有发现，虽然画中离我们较近的是宅门和侍卫，但作者却把离观者更远的君臣二人及建筑画得更大、更突出，二人所在的屋子比右下角的宅门大了足足三倍有余，这显然违背了"近大远小"的空间常识。

这难道是画家的失误吗？

当然不是。其实这就是中国古代人物绘画一直遵循的一种原则：谁地位高，就在画上重点突出，不但位置要居中，颜色要鲜明，体量也要最大，基本也就不会管什么"近大远小"这种东西了。《步辇图》中的唐太宗、《历代帝王图》中的诸位皇帝、《韩熙载夜宴图》中的韩熙载、《重屏会棋图》中的李璟，等等，都是按照这种原则所画：地位高的人物，大得好像巨人，地位低下的侍臣、宫女等人物，只能作为衬托，与主体比例严重失调，就像这幅画中处于角落的侍卫。甚至像赵普的夫人这种无关紧要的角色，也就只能露出半个身子了。

篇三

后周显德六年（959），周世宗柴荣驾崩，年仅七岁的周恭帝柴宗训即位。第二年正月，突然传来了契丹要联合后汉进攻后周的消息。时任殿前都点检、归德军节度使的赵匡胤奉命率军前往抵挡，行军至距开封东北20公里的陈桥驿（今河南封丘东南陈桥镇），赵匡胤被手下大将"强行"披上皇袍、拥立为皇帝，史称"陈桥兵变"。

当然，这场兵变，如果没有预先周密的策划部署，是不可能成功的。而在这场"推脱不受"的戏码中，赵匡胤也算影帝级的出演了。

而赵普，就是这个"黄袍加身"大戏的导演和编剧。

赵普从后周时期就跟着赵匡胤，为他出谋策，也算赵氏造反集团里的高级参谋了。赵匡胤建立宋代后，拜赵普为相，帮自己削夺藩镇、治国安邦。赵普读书不多，但很爱读《论语》，那句有名的"半部论语安天下"，说的就是他。

北宋开国时期，时局动荡，强敌环伺，周围有辽、北汉、后唐、后蜀、南唐、吴越等一堆国家，宋代地处中原，被这些饿狼包围在中间，随时都有被吃掉的危险。赵匡胤可以说一个安稳觉都没睡过，时刻想着怎么消灭这些敌人，统一国家。为此，他三天两头到赵普家去商量对策，制定征战计划。以至于赵普下班以后回家都不敢换下朝服，就怕皇帝突然来自己家里开会。

《宋史·赵普传》有这样一段故事，这天，天降大雪，夜冷天寒。赵普寻思，这个鬼天气皇帝该不会来了吧，随即换上便服就要休息。哪知这时，就听门外有人叩门，出门一看，果然是赵匡胤来访，并说："已约吾弟矣。"就是说也约了晋王赵光义一同开会。赵普赶忙沽酒烤肉，准备吃喝，两人在屋里边谈边吃，赵普妻子在一边端酒添食，赵匡胤还亲切地称呼她"嫂子"，让赵普受宠若惊。

太祖数微行过功臣家，普每退朝，不敢便衣冠。一日，大雪向夜，普意帝不出。久之，闻叩门声，普亟出。帝立风雪中，普惶惧迎拜。帝曰，'已约晋王矣'。已而太宗至。设重茵地坐堂中，炽炭烧肉，普妻行酒，帝以嫂呼之。因与普计下太原。

君臣二人的雪夜烧烤，定下了"先南后北"的统一大计，这为后来赵宋王朝的平稳统一定下了基础。可以说，这顿饭丝毫不亚于当年诸葛亮与刘备的"隆中对"，为宋王朝写就了三百多年的万里山河。

篇四

鉴于我的主业是个普及古建筑的，那咱怎么着也得说说建筑。不过，其实从这幅画里，也说不出来太多。

虽然画上主视觉位置是房子，但还是起陪衬主要人物的作用，而且更重要的是，这是一幅明代人画的宋代故事画，画里本身对建筑就没有太多考证，更多的是一种意象，比如房屋檐下的斗拱部分，简直是画了个寂寞。

当然，我们终究还是要从画中看出些端倪的，要不怎么能和建筑扯上点儿关系呢。

比如，赵普的宅子是个带院门的院落式住宅，院门是个垂花门式的广亮大门，大门屋顶为悬山式，檐下密排瓦当与滴水，两侧博风板不带悬鱼惹草，正脊两端为龙头鸱吻，垂脊下有垂兽与脊兽。堂屋带鸱吻与脊兽，正房后有抱厦，均为双坡屋顶，以落地屏风相隔。正房与门房台阶均为三级垂带踏跺……

行了，我实在编不下去了，今天的古建筑知识就普及到这儿。

再说点儿正经的吧，宋初的建筑，主要是沿袭唐与五代时期的风格，里坊制还没有完全被打破，但建筑风格从大气、豪迈的唐风逐渐趋向精致、优雅的宋式。当然，北宋中后期那种成熟的建筑、园林文化还没有出现，此时基本上还处于唐末与五代那种混乱与交杂、毁灭与更替的过渡时期。

假如时代的车轮再向后转动几十年，富庶繁华的史上最强北宋王朝将会到来。开封城里夜不闭户的瓦肆酒楼、茶馆药铺、汴河中往来穿梭的巨大商船、河边小巷里的说书人与听书人，连同数千万鲜活的百姓，将一同出现在一个世界瞩目的朝代中。

这一切的开始，谁能想到，竟源于一次寒夜踏雪的造访，和一顿嗞嗞作响的烤肉。

10. 女婿的烦恼：《滕王阁图》

"启禀都督，这小子写道：'南昌故郡，洪都新府'。"

"哼，老生常谈，没有新意。"

"启禀都督，这小子又写道：'星分翼轸，地接衡庐'。"

"嗯……这还有点意思……"

"启禀都督，他又写道：'落霞与孤鹜齐飞，秋水共长天一色'。"

"写得好啊，奇才，奇才，真是奇才！"

626 年，在争夺太子之位的斗争中，李世民制造玄武门之变，杀掉了自己的两个哥哥李建成和李元吉。皇权之争让人失去了理性，李世民似乎将所有的亲人都当作了潜在的敌人。在除掉两个哥哥之后，竟将他们的儿子也全部处死。

李世民野心很大，对权力看得极重。能将自己哥哥除掉的人，对其他弟弟们想必也都不太放心。然而李世民对自己最小的一个弟弟，李渊的第 22 个儿子李元婴，却是非常疼爱。

李元婴年纪比李世民小很多，当年李世民发动玄武门之变的时候，李元婴才刚刚三四岁，他甚至比后来当上唐高宗的李世民的第九个儿子李治还要小。李元婴从小就对皇权什么的没兴趣，作为一个盛唐时期的富二代，潇洒倜傥，喜爱音乐、舞蹈自不必说，还能画一手好画。李元婴擅画蝴蝶，他的蝶画自成一派，流传至今，因他被李世民封为滕王，所以被后人称为"滕派蝶画"。滕派蝶画超凡脱俗，以各种宝石粉末为颜料，所画之蝶毫发毕现，流传至今，已经是国宝级的民族工艺珍品了。

李元婴被封为滕王，一生骄奢淫逸，荒淫无度，把富二代的功能发挥到了极致。每到一个地方都对老百姓横征暴敛，供他大兴土木，任意玩乐。李元婴一共建了三座滕王阁。他在滕州作滕王时建了一座滕王阁；后来被调任江西南昌，就又建了一座；后来调任四川阆中也盖了一座。其中最著名的，也是流传至今的，就是南昌的滕王阁。

这座建筑因一个人而流芳百世。

675年，南昌故郡洪州都督（相当于现在的省委书记）阎伯屿重修了滕王阁。落成之日，在滕王阁宴请四方宾朋，神童王勃也在被请之列。王勃出身儒学世家，与杨炯、卢照邻、骆宾王并称为"初唐四杰"，而王勃又为四杰之首。他自幼聪敏好学，据《旧唐书》记载，他六岁即能写文章，文笔流畅，被赞为"神童"。

阎伯屿重修滕王阁，那自然是他在位时的"政绩"，当然要借此事为自己多谋一些"福利"。他让自己的女婿提前准备了一篇文章，要在宴会上当众写出，好炫耀一下文才，也为以后当官铺一下路。

阎伯屿请来赴宴的众人，那都是在官场混迹多年，说是"老油条"也一点儿不过分。他们知道阎书记是为了给女婿站台，哪里敢夺人之美，全都推辞不作。没想到，这位神童王勃却是个耿直 boy，当时来了兴致，接过笔就当众写起来。阎伯屿一见，气不打一处来，好你个王勃，请你是给你面子，这么不懂规矩，难不成你是来踢场子的？阎书记一气之下退到了内堂，命令衙役把王勃写的句子随时报上来。于是便有了本文开头那段对话。

就这样，王勃用神一般开挂的表现征服了阎伯屿和在场众人，在众人的赞赏中写下了传世名篇《滕王阁序》。而阎书记的女婿吴子章，眼睁睁看着王神童挥毫泼墨，自己却活活失去一次涨粉的好机会。而滕王阁，也因为王勃这篇文章而名扬天下。

在人们熟知的江南三大名楼中，建于唐永徽四年（653）的滕王阁建楼时间最晚，却号称"江南第一楼"。滕王阁历经千年风雨，至今重建了有二十九次之多。而历朝历代的滕王阁，也浸透了当时的建筑风格与文化传统。

在历史的岁月中，虽然至今留下的不是当初的那个高阁，却已经成为了一个特殊的文化符号。现在我们如果想一窥当年那座举世瞩目的高阁，也只有通过绘画这个途径了。

关于滕王阁的绘画作品，最著名的，就是夏永的界画了。

夏永是元末精通界画的高手，师承王振鹏。他流传下来的建筑界画很多，黄鹤楼、岳阳楼、滕王阁等著名的楼阁他全画了个遍。夏永的界画，细腻工整，笔画细如发丝，被人称为："细若蚊睫，侔于鬼工。"蚊子的眼睫毛，你想想吧，有多细。夏永流传下来的界画作品很多，《岳阳楼图》扇面就有五幅，《黄鹤楼图》两幅，《滕王阁斗方》一幅，还有《丰乐图》《映水楼台图》，等等。

界画在元代，技巧已十分成熟，也已成为一个大的绘画门类，善于界画的画师也在朝廷里得作高官。夏永的老师王振鹏，就是元代界画的第一高手，被元仁宗赐号"孤云处士"，官至漕运千户。

夏永《滕王阁图》

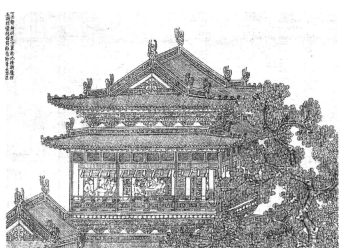

《滕王阁图》局部

界画的起源很早，晋代就已经有了。我们知道中国画擅长画山水、人物，在画建筑物时，往往需要借助一些工具来画，比如界尺，这样画起来更工整，线条更直。当然，也有不用界尺就能画界画的超高手，比如画《清明上河图》的张择端，他的这幅传世之作虽然也是界画，但里面的建筑都没有用界尺来画，显得更加灵活生动。

　　如果把夏永的这幅《滕王阁图》和他的其他画作放在一起比较，其实在构图、结构、用色等方面基本是大同小异的。不是说夏永的画千篇一律没有新意，而是说明那时界画的画法已经相当成熟，基本已经有了固定的模式，也正因为如此，才有那么多界画作品流传下来。

　　在这幅画里，滕王阁建在高高的台基之上，台基边缘还有像城楼一样的雉堞。一层建筑是用斗拱支撑，斗拱层上面建有平坐，也就是像阁楼的二楼那种围栏。主殿和配殿都是歇山顶，山面朝前，主殿前建有小小抱厦作为出入口。建筑上斗拱、昂、鸱吻、脊兽、山花一应俱全。因为唐代建筑留存很少，所以很难考证这些建筑细节是否真实了，至少鸱吻的样式和我们了解的唐宋建筑都不一样，就不知道是不是当时界画已经形成的固定绘画样式了。

五　漫谈园林

1. "凝固的中国绘画与文学"：什么是中国园林

虽然我们这本书主要是说建筑的，但可能你也看出来了，东拉西扯就是我们的服务宗旨，除了建筑啥都说、就是不说建筑也是我们的服务特点。不过要说起来中国的园林，还真和中国建筑没那么多的关系。

中国的园林，可以说是和中国建筑在同一个平行线上共同发展的另一个体系，这两个体系目的不同，形式也不同。中国古代建筑最重要的特点是什么？不是雕梁画栋，也不是飞檐翘角，而是那无处不在的等级制度。"等级、规制"这些个东西，体现在建筑的各种元素上，从屋顶、斗拱、阑额、柱础，到彩画、瓦当、脊兽，无一不是等级森严地执行着这些规制。这些规制虽然在一定程度上是建筑在技艺上成熟的表现，但也束缚了建筑形式上的创新。

而园林，可以说是专为创新而来。中国园林的特点，讲究的就是千变万化，移步异景。皇家园林和民间的私家园林，在设计意向和手法方面并无根本区别。和建筑上讲求规则、对称、条理、等级不同，园林设计表现的是不规则的、曲折的、起伏的、不对称的自然形态。这与中国建筑的特性可以说是完全相反的。用《华夏意匠》里的话说，"宫室务严整，园林务萧散"。

"园"和"屋"因为性格不同，二者很少混同。在建筑中，比如四合院，建筑中间一定穿插着植物花草，但一定只是点缀，不会影响整座建筑所占的比重。当植物景观多到一定程度，就会单独成园，成为一个独立的单元，虽然其中也会有园林建筑，但也会与"建筑"中的景观一样，只是起点缀作用。

中国的园林，其建造目的就决定了它的不平凡。造园的目的，一定是为了休息与享乐，怎么舒服随意怎么来。它与那些庙堂、楼宇、院落的建造目的不同，所以它可以不用规制与等级束缚自己，可以随造园者的喜好而建。这样的园林，一定是充满了创意与巧思的艺术杰作，而非森严等级下的正统产物。

西方有一句谚语："建筑是凝固了的音乐。"而中国的园林，可以说是"凝固了的中国绘画与文学"。事实上，中国传统的山水画与中国园林之间一直有深远而密切的关联。且不说中国传统绘画中数不清的园林与建筑，就是一些大画家也亲自下场，投身园林与建筑的设计工作。唐代大画家阎立本、阎立德兄弟都是建筑设计专家，监督建造了很多著名的建筑。当"文人画"兴起时，文人与艺术家更是对园林兴趣浓厚，园林这种艺术形式比建筑更加适合艺术家们追求的意境与思想，也更加受文人们的喜爱。

中国文学中最经典的作品，恰恰是对园林建筑描写最多的《红楼梦》。书中大部分故事都发生在一座巨大的园林"大观园"里。贾家众位公子与小姐在搬进大观园后，享受了与宁荣二府完全不同的生活品质与情感寄托，也反映了园林环境对主人居住感受的巨大影响。

总的来说，园林这种艺术形式，反映了中国人的美学观点与理念。园林建造手法中的叠山、理水、弄石、造景等手段，又是适合中国自然条件与社会条件的，即使当下条件不具备，也不妨碍有了权势后加倍搜刮。当然，这也是中国历史发展的一个侧面。

2. 宋徽宗的大国梦：艮岳

一双被冻得发青的手，微微地颤抖。

这双手，曾经是那么灵巧。只要拿起一支墨笔，桃鸠竹禽、溪山瑞鹤，无不信手拈来。那铁划银钩的"瘦金体"，每一个撇捺，都是用这双手挥舞而出。

那曾经是一双保养得肥嫩白皙的手，一双艺术家的手，富贵而优雅。

而现在，这双手如同它的主人一样，干瘪消瘦，污秽不堪。北国城刺骨的寒风无坚不摧，何况这具在汴京城里养尊处优的躯体。单薄的被褥并不能起到任何保暖作用，更像是在嘲笑这个曾经的帝王，提醒他反复记起那些受尽屈辱的画面。

　　玉京曾记旧繁华，万里帝王家。

　　琼林玉殿，朝喧弦管，暮列琵琶。

　　花城人去今萧索，春梦绕龙沙。

　　家山何处？忍听羌笛，吹彻梅花。

　　……

　　赵佶低声吟诵着这首《眼儿媚》。

　　他现在只有一个愿望：用那个"琼林玉殿，朝喧弦管"的故国汴京，将自己包围、填满，直到昏昏睡去，永不醒来。那是温暖的故乡，没有彻骨的风沙，也没有凶狠的敌人。有的只是虹桥上熙熙攘攘的叫卖声，与手边深邃澄净的天青色。在这个梦里，还有一个地方，是他亲自为自己炮制的避风港湾。那里峰峦叠翠，列嶂如屏，重楼石壁，草盛池青。那是一个叫作"艮岳"的梦，是他为自己准备好的归宿。

　　家山何处？与其说是在那个久未谋面的城市，不如说，就是那个曾经每天浸淫其中的梦中园林。那是他一个人的超级幼儿园，装得下他所有嗷嗷待哺的梦想。

　　汴京，也就是现在的河南开封，是一座神奇的城市。这座城市的历史中，记录了魏、后梁、后晋、后汉、后周、北宋、金等七朝都城的兴衰。由于黄河屡屡在此改道泛滥，在这个城市的地下，像切片面包一样，深埋着一层又一层完整的城市。在深入地下 8 到 10 米的地方，也许《清明上河图》中的"十千脚店""孙羊正店""久住王员外家"和虹桥上熙熙攘攘的人群，正在从墨迹未干的画纸上，寻找时光的出口。

　　艮岳，是宋徽宗在汴京内城东北部建造的一座大型山水园林。"艮"，在八卦中代表东北的方向。"艮岳"的字面意思就是"东北方向的山"。艮岳始建于宋徽宗政和七年（1117），建造历时六年，于宣和四年（1122）建成，可以说是非常快的了。

之前讲过，赵佶为了留下自己的后代以延续一脉香火而建造艮岳。那一年，赵佶十九岁，对这项事业有着极大的热情。但他盼望的众多子孙，却一直没有出现。

宋代张淏在《艮岳记》中记载："徽宗登极之初，皇嗣未广，有方士言：'京城东北隅，地协堪舆，但形势稍下，倘少增高之，则皇嗣繁衍矣。'上遂命土培其冈阜，使稍加于旧矣。而果有多男之应。"

崇尚道教的宋徽宗听信了一个叫刘混康的道士的话，这才有了后来的大兴土木。"开封府东土隅地关风水，本是块风水宝地，只是东边地势稍低，如果人工堆土加高，兴修一座山头，一定会给皇上带来吉祥，龙子龙孙将不断而生。"

"兴修一座山头"这件事对一位皇帝来说并不难，只是一句话的事。但这座"山头"修成多大，那就要看皇帝的心情了。1122年的赵佶，心情应该是很好的，写字、作画、吟诗、弄石，忙得不亦乐乎。

其实当时汴京城的皇家园林并不少，在艮岳建成之前，有作为皇家行宫御苑的"东京四园苑"：玉津园、琼林苑、宜春苑、瑞圣园，另外还有延福宫、芳林园、撷芳园、景华苑、同乐园等众多皇家园林。

虽然有如此多的园林，赵佶却并不满意。

他没有只修一座山头，而是修了"好几座山头"。事实上，艮岳周长6里，面积约750亩，是一片庞大的山水园林系统。也只有这样的一大片地儿，才装得下从全国各地运来的那些灵石、奇花和赵佶心中的那个大国梦。

明代崇祯年间，造园家计成将他多年的造园经验写成一本书，名为《园冶》。这是中国古代第一本园林艺术专著，为以后的园林建造者提供了很多宝贵经验。他将造园的过程分为相地、立基、屋宇、装折、门窗、墙垣、铺地、掇山、选石等十余个步骤，这也是第一次有人全面总结造园的程序与技艺。

建造艮岳这样的超大园林，预先规划是少不了的，也就是《园冶》中所说的"相地"。"村庄眺野，城市便家。新筑易乎开基，只可载杨移竹；旧园妙于翻造，自然古木繁花。"也就是说，在乡村造园，可以远望四野，在都市造园，便于居家生活，新造的园林很容易打地基进行规划，翻修旧园可以保持原有植物的繁盛。

　　对于"相地"这一步，其实赵佶是不用过多操心的。那个道士刘混康早就给他算好了。他的意思是，在汴京城的东北，有一片地稍微低矮了些，这就是阻碍皇上您多得子嗣的原因。如果将这块地的地势加高，您就会有很多个儿子了。赵佶听从了他的话，并且执行得很完美，在汴京的东北部堆起高山，建造了艮岳。所以，在"相地"这一步上，艮岳并不是因地制宜地、随着地形建成，而是先造了一片高山，然后再建园林。

　　在赵佶御制《艮岳记》中写道："……穿石出罅，冈连阜属，东西相望，前后相续。左山而右水，沿溪而傍陇，连绵弥满，吞山怀谷……"从中可以看出，经过堆土填埋升高海拔后，这片土地上出现的不是一个简单的山头，而是"东西相望，前后相续，左山而右水"的一片连绵山脉。

　　在《艮岳记》和其他文献记载中，对艮岳的山势有很详细的记载。艮岳山脉的主山为万岁山，最高处达到一百多米；西面的万松岭为侧峰，两山之间有濯龙峡；南面宾位为寿山，与万岁山隔雁池相望。

　　"……青松蔽密，布于前后，号万松岭。上下设两关，出关下平地，有大方沼，中有两洲，东为芦渚，亭曰浮阳，西为梅渚，亭曰雪浪。沼水西流为凤池，东出为雁池……"《汴京遗迹志》中记载，侧峰万松岭的南面有湖名为大方沼，湖内有两个小岛，名为芦渚和梅渚，上面都有亭子。大方沼的东西两侧还有小的水池，名为凤池和雁池。

　　现在我们可以大概看出来艮岳的山势布局，基本上就是四周高，中间低，群山环池而绕。坐在山顶的"介亭"内可俯瞰全园，欣赏湖面壮阔的水面，而在池内泛舟又可欣赏"列障如屏"的层层群山，再加上各处的建筑、奇石、花木等景观，简直就是山水相连，浑然一体。

艮岳在宣和四年（1122）建成后，与西面的延福宫通过景龙门连在一起，东至封丘门，西至天波门，将城北的景龙江也包裹在内，成为北宋末年东京最美的皇家园林，可以说已经是北宋园林艺术的最高水平了。

古代建宅造园最讲风水，艮岳这种山环水抱的布局，在风水上称为"藏风聚水"，是最理想的地理环境。赵佶造艮岳，是为了保佑自己香火延绵，江山永固，可是这个风水极佳的国家花园并没有起到护佑他的作用，反倒使他更加穷奢极欲，加速了北宋的灭亡。

赵佶面对艮岳曾感叹"夫天不人不因，人不天不成；信矣"，认为艮岳可以"并包罗列，又兼其绝胜，飒爽溟滓，参诸造化，若开辟之素有，虽人为之山，顾岂小哉"（宋王明清《挥麈录后录·卷二》）……真如计成所说"虽由人作，宛自天开"。

可惜，就算艮岳之美如皇冠上的璞玉，也终究是昙花一现。被历史放错了位置的宋徽宗，纵然有再深的艺术造诣，也难挽救颓废的山河。靖康一耻，带走的不只是大宋江山，更有赵佶的南柯一梦。汴河上曾经舳舻相衔、船帆蔽日的"花石纲"，在历史的精心打磨下，化作云龙山下乾隆行宫院的八音石、上海豫园的玉玲珑、苏州留园的冠云峰。那是仅剩的艮岳的魂魄，被一只无形的大手揉碎、拆解，又被轻轻放在这片曾经的大宋土地上。

五国城。

赵佶佝偻的身子，躺在干硬的木板床上，像一块肮脏不堪的破布。窗外漫天的风沙彻夜呼号，从残破的窗缝中鱼贯而入，使他虚弱的身体，愈发僵硬。

恍惚中，他仿佛坐在了万岁山顶上的介亭中，面南背北，脚下是波光粼粼的雁池。万松岭上茂盛的黄杨漫山遍岗，沿溪傍陇的海棠穿石出鳞，无所不在。在布满雄黄及炉甘石的"碧虚洞天"山洞中，仙雾缥缈，瀹郁如深山穷谷。

他一个人坐在这座庞大的园林中，周围一片寂静。耀眼的阳光照得他睁不开眼睛，山顶上的风吹在他身上，有些凉意。

奇怪的是，这风中，竟然夹杂着许多沙粒，不时被吹进嘴里，味道有些苦涩。

3. 花石纲传奇：如何造一座园林

"再过两天，等到了京城，就不受这个罪了。"你望着茫茫的水面，自己安慰自己。

你是大宋水师营一名水军，效命于朝廷。近年来，虽然日常的操练越来越少，但出船的次数却多了起来，基本上每月都要在黄河上待个十多天。出船并不是去打仗，也不是要搞军事演习，而是给皇上运货。至于运的是什么货，你也很好奇，但你只是一名普通的水军，没有权力打听这些机密。

不过，在停船装货的时候，你偷偷看到了正在往船上搬的货物。

奇怪的是，这些货物不是什么绫罗绸缎，也不是江南盛产的谷物水果，而是一块块巨大的石头。这些石头很奇怪，上面坑坑洼洼，皱皱巴巴，好像一块块破布，又像老太太的脸。

"喂，你，发什么呆！？快去搬货！"

"啪！"

一条尺许长的鞭子，猛地抽打在你的脸上，火辣辣地起了道血痕。你知道，负责押运的长官，殿帅府杨制使，又喝多了。

这个杨制使，姓杨名志，因脸上有块青记，人送绰号"青面兽"。他性格暴躁，酗酒成瘾，喝多了就打骂手下军卒，你与其他士兵都挨过他的鞭子，人人愤怒，怎奈杨志武功高强，众人皆敢怒不敢言。

北宋漕运发达，大运河连通南北。这日，船队从运河驶入黄河，平缓前行。杨志闲来无事，酒后又打骂军卒，众人皆怒不可遏。

这时，你忽然脑中灵光一闪，悄悄对众人说道："每日受他打骂，早晚被打死，趁着离汴京还远，我们何不悄悄把船上大石推到一侧，将船坠翻淹死杨志，然后泅水逃命？"众人听了，纷纷称是，于是趁杨志酒醉未醒，连夜将船上大石推到左舷掩好。

入夜，黄河两岸忽起大风，吹动大船左右摇摆。众人见时机已到，一起到左舷摇晃。大船重心不稳，"呼啦"一下向左翻去，你与众人并一船大石一起落入水中。

你与众军士在水师中效力已久，水性高强，在水中如履平地。众人告辞一声，各自踩水散去。可怜那杨志，落水后酒醒大半，挣扎上岸。怎奈一船花石纲已失，只好长叹一声，负罪落草。

······

刚才这段，是《水浒传》里没写到的杨志丢失花石纲的故事，前面多少提过。感谢"你"的友情出演。

《水浒传》里的这个"花石纲"，是作为青面兽杨志的出道背景一笔带过，而重点写的是后面"智取生辰纲"的故事。可在当时，这个"花石纲"惹起的风波，比"生辰纲"要大得多。杨志丢失了花石纲后落草逃跑，这才有了后来的穷困卖刀杀牛二。虽然在书中，这只是杨志出身的一个简略介绍，却暗示着巨大的国家危机。

一个小小的殿帅府制使的叛逃，并没有引起多大的注意。一船船、一车车的太湖石、灵璧石，还有其他数不清的灵石，从苏州、杭州的百姓人家院里，被强行拖走，送往汴京城内，而最终的目的地，就是那个只为一个人服务的超级园林。

宋徽宗赵佶为了自己的爱好，疯狂地采集奇花异石，甚至还设立了一个专门给他采运花石的机构——苏杭应奉局。一块稍微好点的石头，从开采到运输，不花个几十万贯银子是办不到的，更别说为了运送这些石头而拆毁的民居，毁掉的桥梁，以及倾家荡产的百姓了。

成百上千块千里迢迢运送来的南方奇石，成为艮岳真正的主人。

不光是艮岳，当时北宋东京的其他园林如琼林苑、后苑、延福宫等地，也放置了大量特置石，俨然成了北宋皇家园林景观的标配。

实际上，从五代后晋时期，就开始有人赏玩太湖石了。唐代吴融在《太湖石歌》里写道："洞庭山下湖波碧，波中万古生幽石。铁索千寻取得来，奇形怪状谁得识？"唐代著名宰相牛僧孺更是一位藏石大家，在自己的宅邸里放置了大量太湖石。白居易形容他对太湖石的痴迷程度："游息之时，与石为伍。""待之如宾友，亲之如贤哲，重之如宝玉，爱之如儿孙。"简直是把太湖石当孩子般宠爱了。

我在很多文章里都提到过宋徽宗，这是一个被历史放错了位置的人。要不是哲宗皇帝赵煦突然病逝，这位风流倜傥的端王殿下也许一直要做一个多才多艺的王爷了。可是现在不一样了，他得到了最重要的一样东西：权力。一个艺术家得到了无上的权力，是不是应该庆幸？比如，中国的书画、制瓷等艺术就是在宋徽宗的关注与领导下，创造出历史性巅峰的。

可事实证明，偏执的人拥有无上权力，注定是一场灾难。这场灾难有多大？大到可以改朝换代。比如七十年前，在地球的另一边，一个酷爱绘画的年轻人，由于被艺术学校拒绝，阴差阳错地走上了人类权力的巅峰，并发动了一场史无前例的战争。而那个拒绝他的艺术学校的老师并不知道，这个叫作阿道夫·希特勒的年轻人，失望地转身走出维也纳艺术学院的校门之后，会使人类经历怎样的人间地狱。

说到底，一个艺术家，你非让他做皇帝，他就只能做个亡国之君。宋徽宗的瘦金体写得再潇洒，李煜的词做得再优美，也没法挽救他们的国家。虽然曾经锦衣玉食，香车美女，但从结局上看，昏君艺术家比奸臣艺术家的死法好像要更难看一些。

在中国古代，像这样被放错位置的人，还有很多，比如阮大铖。

这个阮大铖是明代万历年间的进士，曾是东林党的重要成员，后来却投靠了魏忠贤，大肆迫害东林党人，清军入关后又带头降清，可以说人生经历丰富得不得了。不过这种"墙头草随风倒"的人品，虽然有当时黑暗的政治压力的原因，但在注重气节大义的古代，也可以说是个大大的坏人，甚至被列为"明代十大奸臣"。

不过，这个位列明代奸臣TOP10的人，偏偏又是一个才华横溢的艺术家，书法写得极好，又做得一手好诗，还是个戏曲词曲作家和表演家。这么多的名头集于一身，在历史上也是一枚难得的才子。

明崇祯二年（1629），阮大铖被罢官，回了老家。被排挤出朝廷一点也没让他郁闷，好像正中他的下怀，这下可有时间捣鼓他那些爱好了。于是乎，吟诗交友，笔墨丹青，动不动还搭个台唱个戏什么的，简直比上班还忙。

阮大铖还有一个爱好，那就是喜爱园林。当时的有钱人流行建造私家园林，有点身份的人都会请人造园，阮大铖这个有钱有闲又有文化的主儿，当然得大造特造一番了。相传他在金陵城南的库司坊相中一块地，请人为他设计了一个园林，名曰"石巢园"。而为他造园的这个人，就是当时中国最好的造园师——计成。

要论有明一代的才子，可以说是大师辈出，人才济济。董其昌、文徵明、唐寅、徐渭、沈周……随便拿出一个来都是大IP，比书画，计成简单不值一提，但在造园艺术上，他却是无出其右的绝对第一。

在造园技艺上，计成有一套自己的心法。崇祯七年（1634），他将这套造园的心法写成一本书，这就是当时世界上第一本造园专著《园冶》（别看成"园治"啊，谁也治不了）。计成在《园冶》中，给我们详细论述了造园的整套程序和手法。造一座园林，并不是把大象分三步装冰箱那么简单，要经过多道工序，才能慢慢形成一座精彩的园林。

如果说要用一种艺术形式，将中国古代文人的审美与意趣用立体的方式展示出来，那就只能是中国古典园林了。

这种艺术形式最初起源于殷商，《说文》里说："囿（音又），苑有垣也。"也就是说，有围墙的园林叫囿，没有围墙的园林叫苑。

这个有围墙的"囿"，最早是被围起来供皇帝打猎的围场，外面用帷幔围上，里面放上野兔梅花鹿这些温柔的小动物供皇帝射杀。狮子老虎是断然不能放的，要是吓坏了英明神武的皇帝，那可是吃不了兜着走。

虽然是供皇帝狩猎取乐的地方，但也要弄得有模有样，要有山有水，像真的山林一样。早期的山水园林就是在"囿"的基础上发展而来的。在篆文中，这个"囿"字的形状已经很形象了：外面是一圈围栏，里面是一只手拿着肉，也就是囿里自然放养的"手拿把攥"的猎物了。

囿（篆文）

而设计这些苑囿的，一般是专门为皇帝设计建筑的人。古代的建筑师一般分为两类，一类是专门为皇帝设计皇宫、陵寝、寺庙的皇家专用公务员建筑师，比如样式雷家族、蒯祥这些人；一种是为普通老百姓设计房子，或者为有钱的达官贵人设计园林的自由职业者，或者叫工匠。在还没有专业的"园林设计师"这个职业的时候，就是这些聪明的建筑工匠，根据自己的经验，画出简单的园林图纸进行施工。但后来，由于私家园林的兴起，甲方的要求越来越高，就不是工匠能应付得了的了，能写会画会作诗的文人逐渐充当造园师的角色。因为文人造园能将书画诗文的理念融汇到园林中，也就更加促进了园林艺术的发展。唐代诗人王维的"辋川别业"，就是在一片湖光山谷中建造的山水园林；白居易的"白莲庄"，更是洛阳存在时间最长的历史名园。

就像搞对象要提前"相亲"一样，造园之前，也有一个重要的程序，就叫作"相地"，也就是提前看好造园地点，根据地形地貌和自然条件再加以规划。

《园冶》里根据地形的不同，分为山林地、村庄地、傍宅地、城市地、郊野地、江湖地等不同类型。这些听起来很酷的名字，直观地描述了造园地的位置和地形。在不同的地域造园，最终做成的园林可能完全不同。

如果按照地域条件划分，中国古典园林可以分为北方园林、江南园林、岭南园林和巴蜀园林几类。没办法，谁让中国这么大呢。北方园林以皇家园林为代表，大部分都是古代皇帝御用的观赏园林，比如圆明园、北海、颐和园、承德避暑山庄，等等。既然为皇家所建，那自然气势恢宏，体量巨大。又因为北方气候寒冷，水资源不丰富，到了冬天花木凋谢，枯枝白地，再来点儿早晨的雾气，简直就是大写意的水墨画，那是相当有派。

而到了江南地区，水源丰富了，气候温暖了，适合植物的生长，再加上远离皇权监管，文人墨客雅士极多，退役下岗不差钱的官员也多，私人园林自然就成为主流。沧浪亭、狮子林、拙政园、留园、网师园、怡园这些大名鼎鼎的江南园林，最初就是文人修建的私家园林。

"相"完地，也就是选定了造园的地址，勘察了地理位置、自然环境、风水等一系列条件之后，就要开始"立基"了。"立基"就是指相地之后，对园林整体进行规划，要考虑空间怎么布局，建筑如何摆放，植物如何选择等一系列问题。这是造园最关键的一步。计成提出"凡园圃立基，定厅堂为主"，也就是立基时首先将厅堂的位置确定下来。所谓厅堂，就是主人在园林中接待来客、聚会开轰趴的地方，使用率非常高，所以厅堂一般建在主景区。立"厅堂基"就成为园林规划中最重要的一步，其他的如楼阁基、门楼基、书房基、亭榭基、廊房基、假山基等诸多的"基"，都是围绕"厅堂基"来规划建造。

前面说到的艮岳是以山为名的皇家园林，不仅是艮岳，大部分古典园林都是以山石作为景观的核心地位来营建的。对于置石，计成在《园冶》中写道："须先选质无纹，俟后依皴合掇。""小仿云林，大宗子久。"也就是说，置石的时候，要找那些质地好、没有裂纹的石头，按照绘画中的皴法来堆叠假山。小的石头，可以按照倪瓒幽远简淡的笔意；掇大山时，可以仿照黄公望雄伟豪壮的笔锋来置——这完全是按照文人的笔墨意境来建造园林了。

在选好造园的地址、确定好园林的整体规划后，就要通过不同的造景手法，来进行园林景观的营造。比如：

对景——两处景观相隔一定距离和空间，彼此遥遥相对，可使游人观赏到对面的景色。这是中国古典园林中经常用到的手法。比如在昆明湖中，湖心岛和万寿山互为对景。

框景——是用一个"框子"来"框"住对面的景色，也就是用有限的空间去收纳无限空间的手法。多数建筑的门框、窗框或亭、楼、阁外廊的柱与檐形成的方框等，都可以是这个"框子"。

添景——在空间比较空旷或景观比较单调、没有景深层次的时候，由于某种景观的添置而得以改观，这种情况叫作添景。比如，在空旷的昆明湖上，添上十七孔桥和湖心岛，就使昆明湖的景观更加有层次。

抑景——就是通过"先抑后扬"的手法，先用某种景观对游人进行暂时的阻挡，再产生绕过此景观、眼前豁然开朗的效果。假山、建筑、植物都可以当作抑景的元素。比如我以前写过的佛光寺大殿的入口处，需要上一道长长的台阶，走上台阶就是佛光寺东大殿了，这就是采用抑景的手法。

漏景——通过院墙或花窗上各种造型的窗孔，将院内外或廊壁两侧的景观组合在一起，有扩大视野、丰富景观空间的作用。

借景——我们有时能在园林内看到园外甚至更远的景观，就是将园外的景色"借"到了园内，成为园内景观的一部分，也就是"借景"。借景使园林内景深增加、层次丰富，近景与远景交相辉映，相得益彰。最著名的借景就要属拙政园借景北寺塔了。

建造一座中国的古典园林，其实比盖一座古代宅院还要复杂得多。一座院子的大概形制都是规定好的，"四合院"布局已经非常成熟，基本不需要设计。而一座园林，要根据地形、制度、文化、主人的个人喜好等条件来设计，虽然有一些参照，但还是要"因园而异"，个人的随意性非常大。也因此，成为古代帝王穷奢极欲享受生活的最佳场所。

计成在"选石篇"的最后写道："石非草木，采后复生。人重利名，近无图远。"石头不像草木那样采后可再生，这是一种一次性开采的资源，用一点儿少一点儿。而人都是重名利的，在近处找不到合适的，就会到远处去找，总之一定要找到合自己意的才罢休。普通人都如此，何况宋徽宗这样的一国之君。

赵佶目不转睛地看着眼前这幅长卷，轻轻地点了点头。

这是一幅画着汴京市井风貌的长卷。画中以一座城门分出城内城外景色，一条大河在城外横贯，河上无数大船往来穿梭；一座如新月般的大桥横在河上，小如米粒的市井百姓往来穿梭，栩栩如生。

赵佶看了许久，用他举世无双的瘦金体在画上提写五个字——"清明上河图"。他看都没看下面跪着的那个年轻画师，只是吩咐赏赐了这个画师，就回后宫继续饮酒去了。

虽然他为这幅画题了名，但其实，他并没有看懂这幅画。他没有看到城门旁因疏于管理而疯长的树木，没有看到衙门门口懒散睡倒的军卒，更没有看到街道边空空如也的望火楼……他丝毫没有觉察到，装进这幅画里的除了繁华的城市，还有藏匿其中的国家危机。

此时的赵佶，正迷恋着他心中的那个"艮岳梦"。那些生长在太湖边的皱巴巴的石块，成了他最欣赏的玩物。

自从700年前的一天，这个叫作张择端的画师，将自己的新作《清

清明上河图》局部

明上河图》进献给宋徽宗赵佶的那一刻起，这个人头攒动、光怪陆离的汴京城，就像被"二向箔"攻击的地球一样，整座城市"二维化"进一张 5 米长的绢纸中，使后人能够一窥北宋民间的繁荣景象。

而艮岳这座超级园林，却连这个二维化的机会都没有，只能通过文字的形式，存在于宋徽宗的《御制艮岳记》中，在勾折撇捺的交错间，委屈地生存。

4. 园林中的那些点景建筑：亭与轩

今天这个故事，发生在北宋时期的琅琊山上。你是山上的一名樵夫，每天在琅琊山上砍柴担山，日子却也自在逍遥。

这一日，你正在琅琊山的山谷里找寻合适的柴料，走到山间的"酿泉"旁，忽见前面两个人，正坐在一块石桌旁下棋，旁边还站着不少山里的闲人在观棋，于是你也走过去看个热闹。只见对弈的两人，正是因"张甥案"被贬至滁州的欧阳修和琅琊寺的住持智仙和尚。两人是至交好友，经常在山上游玩对弈，与当地百姓也都熟悉。

正在二人紧张地布局落子之时，忽然间，乌云骤起，大雨急至，众人猝不及防，都被淋了一身雨水。欧阳修与智仙虽不在意，却也衣帽尽湿。大伙议论纷纷，有的说还是去山下酒社下棋为好，有的说找找山上有没有山洞可以栖身。忽然间，你想到一事，对欧阳修、智仙二人说道：

"欧阳先生，智仙大师，你二人经常来此游玩，何不在此修一座亭台，既能为你二人下棋遮风挡雨，又能让来往路人歇脚避风啊。"众人听了，齐声说好。于是智仙和尚马上筹资建亭。

不久，琅琊山上多了一座高敞风雅的凉亭，硬山正脊，四角飞檐，酿泉水从亭下流过，与山上的美景甚是相宜。欧阳修为此亭专门写了一篇文章，因自称"醉翁"，所以名为《醉翁亭记》，这亭子也就被后人称作"醉翁亭"。

亭，是中国古典园林中的一种点景建筑。所谓点景建筑，就是那些在园林景观中起点缀作用的小型建筑。比如轩、榭、亭、枋等。以亭为例，在中国古代建筑的类别里，很少有哪个建筑像亭子这样，虽看似"可有可无"，实际上却"绝不能少"。"亭之无用，但为闲逸享受人生而设，这是无用中之最大的精神功能。"（钟华楠《亭的继承》）从小到大，我们习惯了"有用"。学习要有用，做事要有用，兴趣要有用，看书要有用……而"无用"的事，似乎已经无法进入这个"时间战场"。你想做点没用的事？马上有一大波文案过来扎你的心，走你的肾，让你的心怦怦直跳，恨不得马上跳起来去做那些"有用"的事，才能稍稍缓解被挑逗起来的焦虑。有句过气的鸡汤说：停下来，才能更好地出发。其实说出了"亭"的全部意义。

中国的古代建筑，讲究的是实用与美观并重。不管是民间的四合院、三合院，还是寺庙里的大殿、城市里的城楼，都是在建筑群组里非常重要的部分。四合院用来居住，庙宇大殿用来拜佛上香，城楼用来防守瞭望，钟鼓楼用来敲鼓鸣钟。就算一个民间的酒楼饭馆，好歹也能在里面吃吃饭喝喝酒吧。

而亭子，似乎这些功能都没有。

从汉字上来讲，甲骨文中的亭字，上半部分是个简易的坡屋顶，下面是个更简易的 T 形支撑物，表现出"亭"的最基本特点：造型上简单得不能再简单了。比甲骨文时代稍晚的古陶文中，"亭"字上半部是一个有屋顶有窗户的楼台，下半部是从声部的"丁"字。《说文》里说："亭，民所安定也。亭有楼，从高省，丁声。"

其实要说亭子没用，那真是比窦娥还冤。因为古代的"亭"，和我们现在在公园里看到的亭子，是两个不同的东西。《汉书》里称："大率十里一亭，亭有长；十亭一乡。"也就是说，在秦汉时期，"亭"是一种划分行政辖区的标志性建筑。

亭（甲骨文）　亭（古陶文）

亭

有"亭"就得有"亭长"，好歹也算个官儿了。不过这个芝麻绿豆大的官儿，还真出过有名的人。历史上最有名的亭长，那就要算汉高祖刘邦了。他在刚出道的时候，就在家乡沛县当过泗水亭的亭长，也就是"沛县泗水区保安大队长"，掌管着周围十里老百姓的安全问题。

到了魏晋南北朝以后，"亭"才作为一种景观建筑，被引入园林和群体建筑之中。在不断的发展演变中，亭的功能也是越变越多。"观兵、讲学、珍藏、避暑、观瞻、迎栈、游宴、祭祀、贮水、流觞、待渡、庇护、风水、象征……"（王振复《中华意匠：中国建筑基本门类》）这么多种功能集于一身，亭可以说是中国建筑中最会跨界的"斜杠青年"了，还真想不出不能在亭里干的事。

前面讲到四合院的时候说过，中国建筑大多数情况下都是以一个群体的形式出现，各个部分都是在"院落"的串连之下，形成一个大而有序的组合。而"亭"这样的点景建筑，则是一个例外。

"欧阳修大人，恕小人直言，这《醉翁亭记》中的第一句，写了这么许多山名，似乎太啰唆了。"

欧阳修酒后写下《醉翁亭记》，抄贴滁城六大门楼，恳请城民帮助修改。你虽是一樵夫，但于诗词上也有些想法，于是也跑去进言。

"说得好。虽写了许多山，仍有被遗漏的，不如一句以盖之。"欧阳修大笔一挥，将第一句改为"环滁皆山也"五个大字，这下言简意赅，又概括了群山，实是妙句！

醉翁亭，以一篇《醉翁亭记》而闻名天下，被列为"中国四大名亭"。

醉翁亭建于滁州琅琊山，是北宋琅琊寺的主持智仙所建。醉翁亭初建时只有一座亭子，北宋末年，知州唐俗在旁边建同醉亭。清代咸丰年间，醉翁亭被毁，直到光绪七年（1881），全椒观察使薛时雨主持重修，才使醉翁亭恢复了原样。整个亭园还建有宝宋斋、冯公祠、古梅亭、影香亭、意在亭、怡亭、览余台等景观，也就是现在的"醉翁九景"。

醉翁亭也好，其他亭也罢，建筑给我们的启示，似乎总不在于建筑本身。在一个个长廊、水榭、宝塔、群屋的间隙中，我们偶尔可以看见一个傲然独立的"亭"。她清高地站在那儿，似乎和其他建筑没有太多的共同语言。你走累了，可以在她脚下歇歇，观赏一下她的八角攒尖与青脊飞檐。她为你遮风挡雨的同时，似乎也在告诉你，不管世事如何，都别忘记照顾好自己的心灵，适当地停下来，才能再出发。

聊完了亭，咱们再聊一聊另一种点景建筑——轩。

本来世上没有路，走的人多了，自然就踩出路了。就像这个"轩"字，本来跟建筑没什么关系，用的时间长了，成了一种建筑名称，本义反倒不常用了。

《说文解字》里说："轩，曲辀藩车也。从车干声。"就是指前面高敞而有帷幕的车子。车前高后低称"轩"，车前低后高称"轾（音至）"，所以有个成语叫"不分轩轾"，就是不分高下的意思。

明末张自烈撰的《正字通》上说："轩，檐宇之末曰轩，取车象也。殿堂前檐特起，曲椽无中梁者亦曰轩。""轩"这种东西，从高敞的车的形态引申出了"房檐"的意思——屋檐也是高高的嘛。

我们现在提到的"轩"，大多是指园林里的一种单体建筑，也就是点景建筑。《园冶》上说："轩式类车，取轩轩欲举之意，宜置高敞，以助胜则称。"这已经把"轩"这种园林建筑描述得很清楚了：这是一种建在高敞之地的建筑，主要功能就是"助胜"，也就是增加园林的观赏性，让景观更有看头。虽然是点景，但出现的位置、体量、形态都决定了整个园林的意趣。在中式园林中，一般不会有多么宏大雄伟的景观，都是靠一个个不大的景观组团来构成整个园林，具有点缀作用的单体建筑在这里起到了很关键的承接作用。

举个例子吧。要说园林，还得看苏州园林。苏州园林里有很多有名的轩类建筑，其中最著名的恐怕就要算拙政园里的"与谁同坐轩"了。

　　不知你去没去过拙政园，我们来简单回忆一下，苏州拙政园分为东部、中部、西部三个园，其中西部的园林主要是依一个反 L 形的水域而建，我们说的这个"与谁同坐轩"是和另一个叫"笠亭"的小亭子共处在一个小岛上。

　　拙政园这片地在唐代时，是诗人陆龟蒙的宅院，到了元代，被改建为大宏寺。明代进士王献臣归隐到苏州时，请大画家文徵明帮自己设计了这座园林，并取名拙政园。晚清时期，苏州的一个富商张履谦购买了拙政园西园，并取名叫补园。这个张履谦的祖上是卖扇子发家的，为了纪念自己的祖宗，他就在补园建了一座扇形的轩。

　　宋代苏轼在《点绛唇·闲倚胡床》中写道："闲倚胡床，庾公楼外峰千朵。与谁同坐？明月清风我。"这个张富商想必也是有点学问的，轩名没有取成"明月轩""清风轩"这种三字名，而是用了苏轼这首词中的一句，这是个一听就知道有故事的名字。

　　这个"与谁同坐轩"，俯瞰是一座扇形的建筑，扇子的两边各有一个瓶形的门洞，一边对着北面的倒影楼，一边对着南面的卅六鸳鸯馆，后面的扇形窗能看到笠亭。"与谁同坐轩"里面的窗、桌子、匾额、灯都是扇形的，充分展示了当初园主人的发家史。甚至如果你从轩的正面看，后面笠亭的顶子和与谁同坐轩的轩顶是重合的，形成了一个完整的扇子。

　　我们再来看看与谁同坐轩所在的位置。在这个位置，想不红都难。

　　与谁同坐轩的位置在西园 Z 形水域的第一个转弯内侧，临水而建，对面就是西园长廊。坐在轩中，两个侧面分别对着倒影楼和卅六鸳鸯馆，向西看到留听阁，身后是笠亭，笠亭后面的高处是浮翠阁，真可谓背山面水，绝对的 C 位。这么说吧，坐在轩中，整个西园尽收眼底。

　　你看，虽然是点景建筑，但因为占据了绝佳的位置，俨然成了统领全园的关键。这个道理告诉我们，虽然能力很重要，但选择更重要：选对了位置，环境可以为你赋能，即使能力不出众，也可以拥有不错的成就。

轩与亭，包括榭、枋等其他点景建筑，虽然是为了点缀和装饰而存在，但却是历代园林建筑中不可缺少的一种。

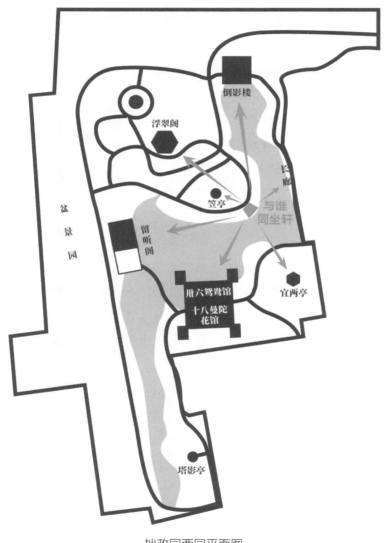

拙政园西园平面图

5. 不是越大越好：中国园林的构成元素

我们以前说过，中国的古典园林与西方的园林有很大不同。如果我们要欣赏一座西方的园林，那么第一件事就是找到一个"至高观赏点"，也就是去一个高高的位置来观赏。不知道"歪果仁"是不是普遍个子太高、习惯俯视苍生，反正园林中一般都会给你留好这个地方，也就是园林旁边高大的建筑物。登上建筑，整个园林尽收眼底，一目了然，高大的植物被修剪成各种几何图形，巨大的草坪、喷泉和雕塑也按几何图状排布。西方园林强调的是严密的几何感与线条感，是用极强的秩序来体现美感，所以决不允许园林中有未经雕琢的自然成分。

而中国的园林与西方园林恰恰相反，强调的就是自然天成的感觉，也就是用人工的技艺努力去模仿大自然，形成"虽由人作，宛自天开"的效果。所以中国的园林会有"叠山""理水""治石"这样的标准操作，以模仿大自然中的山水，要是有一点儿人工的痕迹，那就算不合格。

中国园林虽然大小不一，各具特点，但山和水是最基本的构图原则了。不知是不是因为传承了早期皇家园林（比如周文王的"灵沼"）对水的重视，水在园林中的地位始终是最重要的。故宫里的慈宁宫花园，在缺少水源的不利条件下，硬是用小太监挑水浇灌的方法，也要做出一个流杯亭，弥补了水的缺失。当然，皇帝家有的是小太监，就算是用手捧也能供得上，这从一个侧面也说明了水在园林中的重要性。条件具备的园林，甚至将水作为全园的中心，围绕水面展开全园的布局。"理水"可以说是中国园林的命脉。水，或池，或湖，是园中必备的景物，有时甚至因为有水才有园。

理水的方法有三种，一为"掩"，也就是用建筑或植物将水遮掩，绕过弯曲的小路或山石，才将水面露出。"遮遮掩掩"是中国造园技艺的基本手法，讲求的是移步异景，也就是每走几步，那周围的景物就不能一样了。二为"隔"，也就是将水面用堤坝或桥廊进行阻隔，同样也是不能让你一下子就走过去。如《园冶》中说："疏水若为无尽，断处通桥。"这样可以增加水面处的景深与层次感，使水面有幽深的感觉，总觉得走不完，那就最好了。三为"破"，可以用喷泉、乱石等作为小景增加情趣。

有水必然有山。"叠山"是仅次于"理水"的第二大造园技法。计成在《园冶》中就记载："池上理山，园中第一胜也。"同样是为了"遮遮掩掩"，"山"的出现，使造园技法中的"障景""抑景"等操作得以实现。也只有用比较大的假山或乱石，才能在整个园林结构上产生影响。最早的叠山类型是土山，也就是用土堆成的山，后来为了避免水土流失才在土山脚下垒石防护，慢慢地形成了石山。北宋时期宋徽宗喜好将太湖石等名贵山石置石为山的风气，增加了园内的景致，不过也因此加重了民间的负担，最终落得个客死他乡的结果。

其实从工程实施的角度来说，"山"与"水"的不可分割，却有更合理的解释。所谓的山，不过是开掘池水所挖出的泥土，经过人工设计与规划，形成"堆土如山"的结果。山与池，一阴一阳，一正一负，这固然是造园工程中用来平衡土方与运输距离的常用方法，不过却也是顺应常理的自然选择结果。

在中国园林的山水意境中，"仿效自然"是一个基本原则，也是山水元素形成的根本原因。园林本来是一个人工环境，全部是由人来完成，但成功的中国园林是创造出一个有若天然的环境，里面的山、水、石、树都是自然中的形态。除去这些仿效自然的元素之外，人工的建筑就只剩下"点景"的功能了。

由于中国园林的"仿效自然法则"，园林中的建筑当然也成为了"点景"，也就是点缀和衬托，在空间上处在一种陪衬的地位，丝毫占不得主导地位。典型的园林建筑有亭、榭、轩、廊、舫、阁等，起到的都是供人休息和点缀空间的作用。园林建筑体积偏小，而且四面开敞，遮挡少，便于观看四周的景物。

除了这些小型的点景建筑，还有一类建筑，能影响整个园林的平面结构，那就是廊庑和围墙。这类建筑起到了分割空间和遮挡景物的作用，也有延伸视线，引导行走动线的功能。而且围墙上的花窗，更是一种极具特色的景观，可以发挥"框景"和"漏景"的功能。从不同形状的花窗中望去，窗外的景色也各有不同。到了晚上掌灯时，还可以形成不同形状的"灯窗"，如同灯笼一样，增添了园中的趣味。

自古以来，中国园林的构成要素，无非是山、水、树、石、屋、路几种，也有人分作房舍、窗槛、墙壁、联匾、山石五部分。不管怎么分，山水是基础，花草是灵魂，建筑是点缀。园林中的花木，是自然之物，当然要以最自然的形式呈现。

花木又分花、树、藤、草四类，种植时可使之成丛、成行、成林、攀附，这四种形状是最常见的花木形态。和造园整体的风格一样，花草的分布与组织也要遵循"曲折"的原则，避免一目了然。竹子作为植物中的君子，是所有花草的象征，自古就有"三分水，二分竹，一分屋"之说。这里的"竹"，既是指真的竹子，也是指整个园林的花草总数。

中国园林整体的构成元素，无非是想实现这样一个目的，那就是"令有限的空间产生无限的感觉"。山水的效仿自然，仿佛将大自然中的沧海山峦搬到了小小的园中，建筑在其中点缀，花草植物亦仿效自然天成，最终使园林产生宏大、自然的美感。

6. 我不是一个假的园林：一次看懂枯山水

我们前面聊过中式园林与西方园林的不同。不管怎么说，中西园林还是有共同点的，最起码，山是真山，水也是真水。但如果你看到下面这种园林，那么一定以为自己看的是一个假的园林。

这是日式园林的一种，以石为山，以砂为水，你还别说，名字就叫"假山水"。不过它还有个另一个更响亮的名字，这就是这节我们要聊的日本枯山水园林。

"枯山水"园林起源于日本。它在世界上的名声之大，就算你没去过霓虹国，大概也会听说过。无数人特意造访京都，就是想亲眼一睹枯山水园林。虽然我们不能说日式园林直接来源于隋文帝送给日本天皇的一盆盆景，但日式园林却是脱胎于中国古典园林，受中国水墨画和禅宗文化影响颇深，经过不断寻找适合自己的道路，最终找到了禅意枯山水这种独创的方式。

"枯山水"这个名字最早记录在一部造园教科书《作庭记》里。这是世界上最早的一部关于建造园林的专著，成书于日本的藤原时代，相当于中国的唐代末期。

中国由于地域太广阔，南北文化差异明显，所以园林的种类大多以地域来划分，比如"北方园林""江南园林"和"岭南园林"。而日本园林，是以地貌特点来划分，有"池泉园""筑山庭""平庭"等，大概就是"看水的园""看山的园""建在平地上的园"的意思。

而"枯山水"和这些园林都不一样，它是以一种特殊的造园方法来划分。顾名思义，"枯山水"就是干枯的山和水，也就是没有真山也没有真水，用石头代表山川海岛、松柏瀑布，用白色的砂粒钯出纹理，代表江河湖海、云雾漩涡。

那就有个问题了：这种没有山也没有水，乍一看像建筑工地的园林，既不能走入园内去逛，面积又小得可怜，那为什么还有这么多人喜欢和崇拜？

公元 500 年左右，佛教禅宗从中国传入日本，并被越来越多的日本人接受。修行者在修习的过程中，禅宗所倡导的自律精神、苦行精神，逐渐使造园者舍弃了池泉园、筑山园等真山真水的园林，而是用一些带苔藓的石头、精心挑选过的白砂等组成静止不动的景观。园中

白砂

虽然只有青石白砂，却包含宇宙万物，造园者追求"无"的境界，以达到自我修行的目的。

中国园林讲究"移步易景""步随景移"，是一种沉浸式的观赏方式，造园者利用借景、添景、框景、漏景等多种方法，尽可能地增加你观赏到的景色。而枯山水是一种减法设计，是"移步不易景"的单一景色，让你舍弃重叠在表相之上的诸多幻象，专注于体会其中的意境。

日本这个岛屿国家，地理环境恶劣，自古就颇受外来文化的影响。日本人天生的忧患意识与佛教禅宗倡导的"生命的超越、精神的自由"理念不谋而合，既倡导苛刻严厉的自我约束，又极力向外界寻求解决方案，甚至形成"菊与刀"的特殊人格模式。在"一花一世界"的枯山水园林里，观赏者看到的是"看山不是山，看水不是水"的自我幻象，是寻找自我解脱的法典。

在日本京都著名的建仁寺、东福寺、龙安寺等枯山水园林内，经常可以看到很多前来朝拜的游客，坐在寺内的长廊边，面对眼前的枯山水园林，默不作声地坐一下午。在他们眼里，庭院中的立石、白砂，也许就是长风孤岛、海角天涯。在这片枯山水天地中，也许就隐藏着最真实的自我解读。

而在我看来，枯山水由于单一景观的特点，反而产生了超强的形式感，这也许正是现代设计中"Less is more"（少即是多）的最好注解。这个由现代设计理念的传播者、包豪斯第三任校长密斯·凡·德·罗提出的概念，竟然充满了相生相克的中式传统思维，也体现了枯山水禅宗思想的来源。

任何宗派思想都是由人来传播和继承，而说到禅宗枯山水的代表性人物，只要认识两个人就够了，那就是枯山水的开山鼻祖梦窗疏石和当代日本枯山水大师枡野俊明。梦窗疏石是日本镰仓、室町幕府时期的著名禅僧和造园家。他被认为是禅宗式庭园和枯山水的奠基人和创造者，也是书法家、诗人和禅宗"梦窗派"的创始人。他创造的西芳寺园林，是日本最早的禅宗式园林。

而另一位枡野俊明，则是日本当代国宝级枯山水大师，日本古刹建功寺第18代住持。像他这样负责建造园林的僧人，在日本称为"立

建仁寺

东福寺南庭

石僧"，他们把造园当作修行，从中领悟禅宗的精神。

枯山水园林看似简单随意，但其中的规则和方法却复杂而丰富。立石的摆放，纹理的设计，都需要极强的空间感和造型设计能力。而日式园林中众多的装饰和点缀，也能营造出极强的禅意氛围。我们来简单地了解一下以枯山水为代表的日式园林的组成元素。

石组——几块石头为一组，一般有一个最高大的石头，代表佛教中的"须弥山"，也有固定的数量和摆放方法代表"龟山""鹤山"。

白砂——精心挑选不同颜色的砺石（一般为白色、黑色、褐色），用木钯梳理出不同形状的纹理，代表云、海等不同物体。

石灯笼——原是保存神前火种的用具，后来逐渐演变为日式园林中的代表装饰。

石塔——原是佛教用具，后来逐渐演变为日式园林中的代表装饰，也具有镇宅驱邪的作用。

惊鹿——也叫添水，是一种类似永动机的装置，流水灌入竹筒，利用杠杆原理，使竹筒向后倾倒，发出"咚"的一声，用来惊扰驱赶落入园林中的鸟群。后来逐渐演变为具有禅意的园林小品。

水琴窟——简单地说，就是在地上挖个洞，流水从洞口流入洞内的小水池，从而在洞内产生如琴声一样美妙的悦耳滴水声。

经过这些禅意元素的点缀，日本园林的造园意境被放大。就像日本人对"道"的痴迷，不管是茶道还是棋道、花道、书道，经过调配和拿捏，都会发展出适合日本自己的本土文化。在新中式古典园林的基础上，日本人将禅宗思想与造园技术相结合，产生出适合日本禅意和佛教文化的日本枯山水园林。而这种结合，也是日本几乎所有领域的审美要求与设计核心，从而造就了日本设计的超强表现力与现代感。

石灯笼与水琴窟

7. 什么是"一池三山"：中国园林的"写仿"

我们前面说过，中国的古代园林和建筑是两个体系，园林的建造过程中，一般不会像建造房屋一样要遵循那么多的礼制、规则和等级制度。不过也并不是完全没有，这一节我们讨论的，就是只能用在皇家园林的一种造园手法。

　　这种造园手法，在中国古代的皇家园林中，可以说引领了几个世纪的潮流。这种手法，就叫作"一池三山"。当然，如果想在园林中弄一个"一池三山"，也不是一件容易的事——首先你的园林里要有一个大池子，也就是湖面，面积要大一点；然后湖中要弄出三个小岛，不管你是用人工堆，还是借用自然条件，反正这三个的数是一定要凑上的。这三个岛的大小、形状、位置不限，这种构图就叫作"一池三山"。

　　那么问题来了，为什么大多数皇家园林都要遵守这个"一池三山"

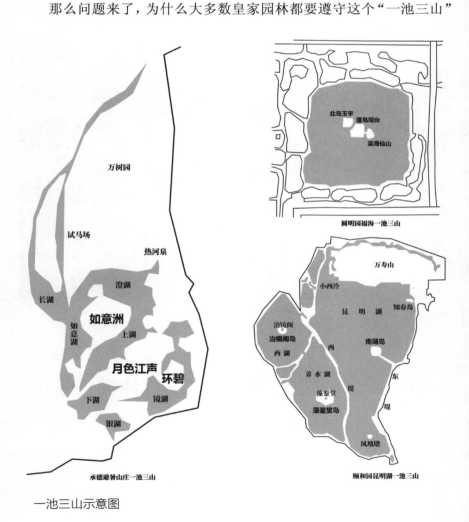

一池三山示意图

的构图呢？这水里的三座山到底有什么来头？

"一池三山"这种造园模式，其实是起源于道家思想。我们都知道"儒""释""道"是中国古代三种思想体系，各有各的长处，道家以"道"为宇宙万物之本。老子崇尚"道法自然"，认为"道生一，一生二，二生三，三生万物"。在"道"这种虚无缥缈的概念指引下，"仙境"的概念应运而生，并顺理成章地被其崇拜者发扬光大，比如秦始皇。

道家的"仙境"思想，甚至超越了宗教范畴，成为继南方楚地神话体系、西方昆仑神话体系、中原神话体系之外的又一个神话体系——东方蓬莱神话体系。

和"昆仑神话"的以山为尊不同，"蓬莱神话"崇尚的是以海为尊。

相传东海上有三个岛，谓之蓬莱、方丈、瀛洲，岛上居住着仙人，都会长寿延年之法。崇尚道教的秦始皇深信不疑，急切地想要得到长生不老的办法。他派出方士徐福，驾船去海上寻找仙人，以圆自己的长寿不老之梦。于是，历史上著名的徐福东渡上演了。这个人要为了皇帝的长命百岁，而用自己生命和别人的生命去争取。他两次出海，而且都要带上几千名男孩女孩，这些孩子是用来干什么的，咱们猜也能猜出来。

徐福东渡并没有给秦始皇找到仙人和长寿的药方，反倒在第二次出海后，再也没有回来。本来嘛，所谓海上的楼阁和仙人，其实就是现代人所说的"海市蜃楼"，是一种自然现象，但当时你要这么和皇帝说，那非砍了你不可。

久寻仙人不见，秦始皇只好退而求其次，在自己的宫苑内模仿东海的辽阔水域和海上三岛，建起了"一池三山"的微缩版。

自从秦始皇在上林苑中建了太液池和蓬莱、方丈、瀛洲三岛，这种"一池三山"的山水园林布局就被后世一再地模仿，成为皇家园林的一种标准模式。隋炀帝杨广在洛阳建西苑时就使用了这一制式。《隋书》中记载："……西苑周两百里，其内为海，周十余里，为蓬莱、方丈、瀛洲诸山，高百余尺。台观宫殿，罗络山上。"元代的大内御苑中，万岁山、圆坻、屏山三岛并列，是标准的一池三山形式；明代以元大都为基础重建北京，三岛经过扩展形成中海、南海、北海，仍然是一池三山形式。

承德避暑山庄的湖区，有如意洲、月色江声和环碧三个岛，中间还连以长堤，使一池三山的内容更加丰富。圆明园福海中的北岛玉宇、蓬岛瑶台、瀛海仙山三座神宫也对应着一池三山的内容。颐和园的昆明湖，用长堤将大水面分隔成了三个部分，每个小水面中又各建一岛（西湖中的治镜阁岛、养水湖中的藻鉴堂岛以及南湖中的南湖岛），并且在南湖的水面上又建三个小岛（知春岛、小西泠和凤凰墩），一环套一环，形成了以一池三山为基础的新的布局形式，丰富了中国园林的内容。

"一池三山"说到底，就是中国古典园林一直追求的"仿效自然"的原则。《红楼梦》中有一段宝玉点评稻香村的话，正是点出了这个原则。前因后果是这样的：大观园建成之初，贾政带着一干亲朋参观大观园，宝玉也去了。贾政趁机在众人面前表现一下自己的清高，走到稻香村时，一再说这里有多清静，多么返璞归真，自己多么羡慕田园生活。不料宝玉强势回怼，说在这个地方前没有村庄，后没有良田，建这么个稻香村简直是莫名其妙。紧接着，宝玉又说出一番话来："古人云'天然图画'四字，正恐非其地而强为其地，非其山而强为其山，即百般精巧而终不相宜……"虽然前面贾宝玉批驳了稻香村盖得不合时宜，但后面这几句话倒也点明了中国园林的精髓，那就是"天然图画"四字，也就是说园林要建得合乎自然的本意，不能使用"人力穿凿"，不是这样的环境条件，却非要盖这样的建筑，那就不对了。

中国的园林规划中，素来有"三分水，二分竹，一分屋"的说法。按此说法，如果全园占六分的话，水的比例占到了一半，这么大面积的水面，也是实现"一池三山"规划的基础。有了这"三分水"，才能实现后面"二分竹"的灌溉需求。一个成功的园林中，二分之一水面，三分之一花木，六分之一建筑，这个比例才是比较合适的。

"一池三山"的园林规划传统，其实是中国传统艺术创作中非常常见的一种表达方式，即"仿临"，也叫"写仿"。这种方式一开始是在书法、绘画、雕塑等艺术门类中流行，临贴、仿写都是常见的书画方式。逐渐地，这种方式也成为建筑和园林建设中的一种方法。"一池三山"是对"天下"的仿临，也是以秦始皇为开端的帝王们仿照神仙世界为自己复制的归途。《史记·秦始皇本纪》上记载："秦每灭诸侯，写仿其宫室，作之咸阳北坂上。"就是说秦始皇每灭一个诸侯国，就仿照着建造它的宫殿，这也是建筑上仿临的开始。当然，这种仿临并不是一成不变的照搬照抄，而是吸取"原件"本来的建设经验与设计感觉，进行"二次加工"而成。

而"一池三山"的造园之法，也在这一次次仿临中，逐渐形成了自己的规制，成为中国皇家古典园林中的一种经典布局，也是在一次次的毁灭与重建中，成为中国传统文化中的一个璀璨符号。

8. 大观园之春：《红楼梦》中的园林

"小云，这会儿屋里没事，你去前院李嬷嬷家跑一趟罢。"

你是金陵城中一大户人家的丫鬟，年纪十二三岁，长得却也标致，名叫小云，在七岁上被卖到这府中，给了二老爷的夫人做丫头。几年后，这位姓王的夫人日渐清心寡欲，觉得下人已经够多，便将你给了自己的陪房做丫鬟。

王夫人的这位陪房，也不知本名是什么，人人叫她周瑞家的，丈夫周瑞掌管府中地租庄子银钱的出入，她负责府中奶奶小姐们出门的事务，待人倒也宽厚，见你聪明伶俐，又是王夫人给的，甚是喜欢，平日也不大管你，只叫你做些沏茶送客，传话跑腿的活计。

"前日厨房试了个新菜，叫什么茄鲞（音想），老爷太太都爱吃。太太吩咐把做法写成方子给各院厨房都送去。李赵张王四位奶妈那也送一份，趁着这会儿太太那边清闲，你快给送去。"

"哎！"你答应一声，拿了方子出去。

你虽是府中下人，却正值年轻气盛之时，最爱做这些跑腿传话之事，只为能趁机在府中各处游玩。也不知府中大老爷做的什么官，家财巨万，偌大的府第竟似无边无际，好像永远也游玩不尽。四位奶妈的院子在府中最南边。你从周瑞院的前门出去，顺着一条小巷往南走。

这府中建筑在整个城中也是数一数二，巷中两边磨砖对缝的院墙，墙头一排排滴水瓦当密密地排列，宛如金陵城墙上雉堞般整齐。往南走是府中所有下人一带裙房，有很多大院子，住着府中杂役、通传、园丁等人，你时常进院子去玩耍。这时你记挂着所传之事，不敢进园多玩，只经过花园的外墙往南走去。

不多久，又路过府中老太太的居所。你虽在府中已有数年，这个院子却很少进去，只远远地见过门前气派的朱红大门、威严的狮形抱鼓石和门上巨大的红灯笼。听说这个人称"老祖宗"的老太太是府中两位老爷的母亲，府中上上下下唯她马首是瞻，所以她这院子你是轻易不敢靠近的，只远远地顺着外墙走过。

顺着墙外小巷再往南走，又经过府中公子的外书房。这是个小小的一进院落，门前并排上马石、拴马桩，大门匾额书写"绮霰斋"三字。门旁墙面雕有一只玉瓶，瓶中插着三杆画戟，取"连升三级"之意。

转过外书房，这才到了李赵张王四个奶妈的院落。这四个奶妈是府中名唤宝玉这公子的奶妈，自然有一些体面。现在公子已长大，周围丫鬟众多，不再需要她们伺候。虽然终日无所事事，却也落得自在养老。

这四个奶妈的院落，是个两进的院子。进门就是座山影壁，雕的是《松鹤福寿图》。拐进垂花门，就进了内院。你将菜谱方子交给院中厨房管事，交待了一番，转身出院。却想：去哪里逛逛才好？忽然想到，这院离府中大门不远，自己平日里居于北院，府中管教又严，很少有机会去南院正门，今日何不去大门外转转？

想到这儿，你转过四奶奶的院落，向大门处走来。你终究不敢从正门出入，便先到西角门。出了门，外面便是一条东西向的大道，名叫宁荣街。街上行人稀少，对面只有几间稀疏铺面，风景倒也别致。

从西角门向东走几步，便是三间兽头大门。这大门上兽头称为"铺首"，原是古代传说龙之五子椒图，因"性好闭"，所以放在门上看守门户，镇守邪妖。门前两个大石狮子，一为公狮，足蹬绣球；一为母狮，足踩幼狮，甚是威武。大门前簇簇轿马，往来进出，却也有条不紊。你又向前走到东角门，只见门前放着两条大板凳，几个守门人做在板凳上，挺胸叠肚，正在高谈阔论。

见你走来，一人道："小云，你又偷偷跑出来玩耍，回头给太太发现了，打发你远远地嫁出去。"说罢众人哈哈大笑起来。你笑道："老王啊，你们成天在这里混说，仔细门口有歹人进入也不知道，到时候判你个玩忽徇私之罪，你媳妇岂不是要守活寡了？"听罢众人又笑了起来，老王却憋红了脸。他虽是个四十多岁汉子，心眼却小，道："你这小孩子，这种事哪有信口胡说之理？呸呸！"

众人说闹了一番，你道："我得回去了，一会周大娘要找我了。"说着往西角门走去。一脚跨在西角门门口，回头瞥了一眼，远远见一七旬村妇，右手紧紧领着一男孩儿，左手挎一竹篮，正跟老王等众人说着什么。你心想："这样村妇到没见过，可惜今儿时间已不早，算了，还是回去罢。"想着，进了西角门，快步往周瑞院中走去。

你回到周瑞院中，将菜谱方子之事回了周瑞家的，便往后门走来。府中后门紧挨着周瑞院，平时总有些生意担子在此经营，也有卖吃的，也有卖玩耍物件的，闹吵吵的有二三十个小孩子在那里厮嚷，你也乐得跟这些小孩子玩闹一阵。

"我问哥儿一声……"

忽觉有人拉住了你，你回头一看，竟是大门口跟老王众人说话的那个村妇，手里仍拽着那个男孩儿。你心想，这个老妇也是有趣，竟也到了这里，不知叫我作甚。不由得站住了，上下打量起这村妇来。

只听那村妇战战兢兢地说道："有个周大娘，可在家么？"

你玩心骤起，心想，原来找我们周大娘，我且难为一下她。便说道："哪个周大娘？我们这里周大娘有三个，还有两个周奶奶，不知是哪一行当的？"村妇想了想，道："是太太的陪房周瑞。"你心道："果然是找我们周大娘的。"便道："这个容易，你跟我来。"便将村妇并男孩儿引进了后门，往周瑞院走来。

刘姥姥初进荣国府，波澜不惊，并没有太多的故事发生。待到她二次进荣国府，尤其是跟着贾母和众人一起游览大观园时，便形成了全书一个高潮段落。作者曹雪芹借用刘姥姥的视角来描写大观园，通过角色的亲身体验，将园中主要景观和建筑呈现给读者。

书中大观园是为了元妃回家省亲而盖的，而且是以贾家荣、宁二府的旧地为基础，重新规划而建的，这要比选新址完全新建难得多。大观园实际上是利用了荣国府原先东大院的地方，再加上会芳园的一部分而建。南面紧临着贾母院和凤姐院，东面是宁国府里的会芳园。

大观园在建的时候，遵循了一个中国园林的基本规律，那就是有山有水，山水并重。中国园林讲究"山为景，水为魂"，山与水缺一不可。大观园在规划的时候，就考虑到了这一点儿，也正因为是在原来荣宁二府的基础上扩建，所以水源这个问题迎刃而解：宁国府原来的后花园，即会芳园就有水源，园中"北拐角墙下引来一股活水"，就是从原来会芳园内引来的水，也就是大观园内的"沁芳溪"，使大观园有了灵魂，有了主线，各处院落、楼台、景观依水而建，错落有致。

书中的第十七回《大观园试才题对额荣国府归省庆元宵》实际上就是从整体布局的角度，让读者跟着贾政、贾宝玉等人参观大观园的行走路线，一起将大观园"走"了一遍，也让我们读者跟着这群人的目光游览了一次这座山水园林。

大观园的正门是在荣国府院内，王夫人院的北面，也就是处于荣国府宅院的北部。这也符合中国建筑中"前朝后寝"的传统，也就是整个府第的后花园。

贾政先秉正看门。只见正门五间，上面桶瓦泥鳅脊，那门栏窗槅，皆是细雕新鲜花样，并无朱粉涂饰；一色水磨群墙，下面白石台矶，凿成西番草花样。左右一望，皆雪白粉墙，下面虎皮石，随势砌去，果然不落富丽俗套，自是喜欢。遂命开门，只见迎面一带翠嶂挡在前面。

中国建筑的正门，两柱之间为"一间"，正门五间，就是六根柱子支撑起的硕大园门。屋顶的瓦面一般呈两种形式，一种板瓦，一种筒瓦，板瓦是凹面朝上作为底瓦，筒瓦凹面朝下错位扣在板瓦上，下雨时雨水顺着桶瓦背流到板瓦凹面上，再向下流到"滴水"（瓦作最下面的构件），落到房下。而"泥鳅脊"，其实就是我们说的卷棚顶。因为这种瓦面过脊形式形如泥鳅，呈卷棚式而得名。卷棚顶在中国建筑中主要用作园林建筑。

我们可以看到正门的风格是比较肃穆的，"并无朱粉涂饰"，并且"皆雪白粉墙"。不过，虽然没有太夸张的色彩，但细节处还是体现出大户人家的气派。白石台矶上的图案称作"西番草花样"的，也就是西番莲纹，是一种植物纹样，有"廉洁""连绵不绝"之意，在古代应用极广，瓷器、木雕、丝织品、建筑雕刻等都常用这种纹饰，在明代传入中国。梁思成在《中国建筑史》中说："中国后世最通用之卷草、西番草、西番莲，等等，均源于希腊 Acanthus 叶者也。""Acanthus 叶"即莨苕（音亘条）叶形的装饰，古人将莨苕叶纹样和中式缠枝纹结合起来，便形成了极富张力的西番莲纹。

另一方面，"一色水磨群墙"也暴露了贾府的低调奢华。"水磨群墙"的工艺，其实是一种非常费工费力的做法，先用木条隔成若干小格，填入胶沙，用人工和水细磨，磨平后阴干。这种墙光滑异常，但制作非常麻烦，只有大户人家才用得起这种做法。

这一段的前面，描写了大观园正门的规模和一些建筑细节，都属于比较正常的范围。而最后一句话，才是真正描写大观园园林的开始，也是中国园林布局中常用的一种方法。

"遂命开门，只见迎面一带翠嶂挡在前面。"

这一片"翠嶂"，也就是假山，横亘于大门之前。这个"开门见山"之法，是中国文化千百年来奉行含蓄内敛精神的具体手段，如同中国建筑中大门内影壁的作用。在这一点上，中国园林与西方园林"一览无余"的特点截然相反。接下来贾政的话，也解释了这一布局之法的作用。"贾政道：'非此一山，一进来，园中所有之景悉入目中，则有何趣？'"贾政一言，道出中国园林最重要一个字："趣"。这个趣，是移步异景之趣，是山穷水复之趣，更是柳暗花明之趣。正如贾宝玉给这座假山题的名字"曲径通幽处"，曲而不直，才是正确的造园之法。

说起宝玉，在这一回里（第十七回），可谓才学的高光时刻。先是牛刀小试，为大门前假山取了"曲径通幽处"之名，紧接着，又为园中从会芳园引出的这股活水取了个极好听的名字"沁芳"，这才有了沁芳溪、沁芳亭、沁芳闸等一系列以水为核心的景点。

众人过了沁芳亭，行不多远，就来到园中第一个重要的景点：稻香村。当然，"稻香村"这个名字，也是宝玉后来取的。

转过山怀中，隐隐露出一带黄泥筑就矮墙，墙头皆中稻茎掩护。有几百株杏花，如喷火蒸霞一般。里面数楹茅屋。外面却是桑、榆、槿、柘，各色树稚新条，随其曲折，编就两溜青篱。篱外山坡之下，有一土井，旁有桔槔、辘轳之属。下面分畦列亩，佳蔬菜花，漫然无际。

这个稻香村，其实就是一处单独的院落，外有围墙，内有"楼楹茅屋"，可以看出来这还是个不小的院子，旁边有一土井，数亩田地，佳蔬菜花竟"漫然无际"。这个乡村风格的景点，显然让贾政有感而发。

贾政笑道：倒是此处有些道理。固然系人力穿凿，此时一见，未免勾引起我归农之意。

我们不知道贾政是不是参与了大观园的规划设计，但这个稻香村的出现，让贾政有了一次表现清高的机会，也许在布局之时就参考了他的意见。

中国园林发展到明清，由皇家园林到私家园林，文人逐渐参与规划设计，豪富之家建设园林，或是自己来设计，或是请专门园林设计者来规划。书中说"全亏一个老明公号山子野者，一一筹画起造"，这个山子野老先生，就是这种专门的建筑设计者。

古时候的建筑设计者，可以分为两类，一类是专给皇家设计和规划宫廷建筑和建设城市都城的，像清代样式雷家族、蒯祥等人。他们可以说端的是铁饭碗，拿的是皇家俸禄，只为皇家服务。另一类就是专门给私人设计建筑与园林的，也就是专门服务于那些富贵人家的。

随着明清私家园林的兴起，主人的要求越来越高，有时园主人自己也懂得一些布局法则，那些普通的工匠自然满足不了这些更高的要求。这个时候，一些文人雅士越来越多的参与建造园林，并将一些中国文化中特有的精神层面的东西带进了园林规划之中。著名的苏州拙政园，就是由明代画家文徵明为王献臣所设计，万历年间的著名园林设计家计成、张南垣、文震亨等人，都是能诗会画的文人。

接着说第十七回。却说贾政在感叹了一下"归农"之意之后，让宝玉发表意见。不料宝玉却说出了书中最能代表中国园林建造精神的一段话来：

此处置一田庄，分明见得人力穿凿扭捏而成。远无邻村，近不负郭，背山山无脉，临水水无源，高无隐寺之塔，下无通市之桥，峭然孤出，似非大观。争似先处有自然之理，得自然之气，虽种竹引泉，亦不伤于穿凿。古人云"天然图画"四字，正畏非其地而强为地，非其山而强为山，虽百般精而终不相宜……

刚才贾政说，此处虽"系人力穿凿"，也能勾引他的归农之意，宝玉却说，这"人力穿凿"是"扭捏而成"。可以说，这是宝玉为数不多的正面怼他老爹。当然，在大观园里建一田庄，自然也是因为书中故事所需要。园中这些建筑，潇湘馆、稻香村、怡红院、缀锦阁、蘅芜院等处，自是和书中人物性格特点相关联的，建筑中所摆物品中，所种花草，都是为贾府中众位公子小姐量身定做的一般。

宝玉所说的"非其地而强为地，非其山而强为山"，道出了古代造园技艺的选址原则。就像计成在《园冶》中的"相地"篇里所说："得景随形，或傍山林，欲通河沼……如方如圆，似偏似曲；如长湾而环璧，似偏阔以铺云。高方欲就亭台，低凹可开池沼；卜筑贵从水面，立基先究源头，疏源之去由，察水之来历……"意思是说，造园时，园中景观顺应周围的地势而成，或是建在山林旁边，或是与溪河连通。给园林规划布局的时候，要利用天然的地形环境，不管是方形也好，圆形也罢，要顺应地形去做规划。反过来说，没有这样的地形条件，就不要强行去做不合适的规划，这也就是宝玉所说的"非其地而强为地，非其山而强为山"了。

总的来说，大观园是以大观楼为核心建筑，以沁芳溪为脉络贯通全园，以怡红院、潇湘馆、稻香村等各处建筑组团为分景点，以最北面的大主山上的凸碧山庄为制高点，以各处桥梁、亭台、水榭、甬道等为辅助景点，构成了一座"落花浮荡、彩焕螭头"的梦中园林。

9. 动观流水静观山：拙政园里的中国文化

我去拙政园的时候，还是四五年前。偌大的园林，仿佛永远也走不完。那时只是感觉身边布满了花花草草和大石头，还有不少楼台亭阁，好看是好看，却看不出门道，觉得哪都差不多，只想快点走到出口，好去参观下一个景点。

对于当时的我来说，拙政园不过是个可以逛一逛的景点而已。不过，如果当时我知道了以下这些典故，那估计我就要再次进去，把整个园子重新走一遍了。

关于"拙政园"这个名字，是这么来的：西晋的潘岳在《闲居赋·序》中说："庶浮云之志，筑室种树，逍遥自得，池沼足以渔钓，春税足以代耕；灌园鬻蔬，以供朝夕之膳；牧羊酤酪，以俟伏腊之费。'孝乎唯孝，友于兄弟'，此亦拙者之为政也。"意思是说：种种树、钓钓鱼、浇浇菜地，孝顺父母，团结兄弟，这才是蠢笨的人应该干的正事。对了，潘岳，就是我们通常说的那位"貌比潘安"的大帅哥潘安，其实他字安仁，有人在诗中叫他潘安，就这么传了下来。

他在文中所说的"拙者"，并不是真的说自己蠢笨，而是他经过宦海深浮之后的心灰意冷，是一种被官场抛弃后的自嘲。这恰巧与拙政园的主人王献臣两次被东厂诬陷、被贬后的心情颇为相通，都是从官场无奈隐退后，将耕种田间、泛舟垂钓作为自己后半生的追求。虽然自谦为"拙者"，但从中不难看出，这是对当时官场腐败黑暗的一种"无声的控诉"。

拙政园原来的入口在整个园林的中部（现已被封），原正门是个不起眼的小门，进门就是一座假山拦路，挡住了入口。这是中国园林很重要的布局形式——障景。穿过假山，是一座很大的开敞式建筑——远香堂。上学时，我们都背过周敦颐《爱莲说》："中通外直，不蔓不枝，香远益清，亭亭净植，可远观而不可亵玩焉。"一句"香远益清"，仿佛让我们闻到了清爽的莲花香气。

从远香堂再往北望，就是一大片荷花池，每到夏季，池中荷花盛开，花香四溢。池中三座小岛并排而立，中有雪香云蔚亭，西有荷风四面亭，东为待霜亭。这就是中国古代皇家园林中常用的"一池三山"平面布局，一般用在皇家园林，而在私家园林中使用这种布局的并不多见。这也从一个侧面看出，拙政园作为"中国园林之母"，在设计布局上确有不同之处。

雪香云蔚亭，在三岛中的最高处，可以俯瞰全园。"雪香"指的是有清香气味的白色梅花，"云蔚"是形容山上的植物茂盛，像云一样团团朵朵、郁郁葱葱，所以亭边也是遍植梅树，是冬天赏梅的去处。荷风四面亭就很直观了，因四面皆种荷花而得名，面东柱上有楷书对联一副"四壁荷花三面柳，半潭秋水一房山"，是仿济南大明湖历下亭内刘凤诰所撰名联"四面荷花三面柳，一城山色半城湖"而作。东面小岛上的待霜亭，周围种植橘子与枫树，亭名取唐代韦应物《故人重九日求桔》中的"书后欲题三百颗，洞庭须待满林霜"诗意。洞庭因出产"贡橘"而著名，而贡橘需要等到霜降时节才开始发红成熟，因而想吃到橘子，不能着急，还需"待霜"。

三座小岛的东面，是一座方形小亭，飞檐攒尖，四面为圆形洞门，站在亭中往四面看时，四面景色皆不同。此亭是池东面的主景：梧竹幽居亭，取唐羊士谔《永宁小园即事》诗句意："萧条梧竹下，秋物映园庐。"梧桐与竹子都是古人喜爱的消夏植物，在消夏避暑之地都会种植，取其清雅幽静之意。元代刘贯道的《消夏图》、明代仇英的《竹梧消夏图》、清代王翚的《桐荫消夏图》、清代金廷标的《莲塘纳凉图》中，都出现了梧桐、竹子、芭蕉等避暑植物。亭中有一联："爽借清风明借月，动观流水静观山。"为清末名书家赵之谦所写，也道出了亭中这种清幽雅致的境界。

在三岛的北面，还有两座建筑，一座是依水而建的见山楼，一座是中部区域东北角的绿漪亭。

见山楼临水而建，是座两层建筑，歇山卷棚，翘角飞檐，与园北面的小路有石桥相通。站在楼上远望，想必也能领悟陶渊明的"采菊东篱下，悠然见南山"的意境了。见山楼的一层又被称为"藕香榭"。"榭"是一种临水的开敞式建筑，在《红楼梦》中的大观园中，也有

（元）刘贯道《消夏图》

（明）仇英《竹梧消夏图》

（清）王翚《桐荫消夏图》

（清）金廷标《莲塘纳凉图》

"藕香榭"，书中写："原来这藕香榭盖在池中，四面有窗，左右有曲廊可通，亦是跨水接岸，后面又有曲折竹桥暗接。……"有人说大观园是参考了拙政园而写，看来也不是空穴来风。

绿漪亭在园中部的东北角，位置不明显，取梁张率《咏跃鱼应诏》诗"戢鳞隐繁藻，颁首承渌漪"诗意。亭边翠竹芦苇，摇曳浮萍，绿波荡漾，实在是不能忽视的美景。

如果从远香堂去西部区域，就要穿过小飞虹，这是拙政园里最著名的一座廊桥。古人以虹喻桥，红色的栏杆倒映水中，以周围绿植碧水相映，更显得郁郁葱葱，生机盎然。过了小飞虹，西北处有一亭，名为"得真亭"。《荀子》曰："至于松柏，经隆冬而不凋，蒙霜雪而不变，可谓得其真矣。"晋左思《招隐》也说："竹柏得其真。"这里原先种植四棵松柏，园主人松柏自比清高，所以取名"得真"。

文徵明在《咏拙政园诗》里写道："手植苍官结小茨，得真聊咏左冲诗。支离虽枉明堂用，常得青青保四时。"读着左思的诗，亲手栽下的松柏已经结了小果实。虽然枉费了当初为官的期盼，但却得到了一年四季的青春时光。

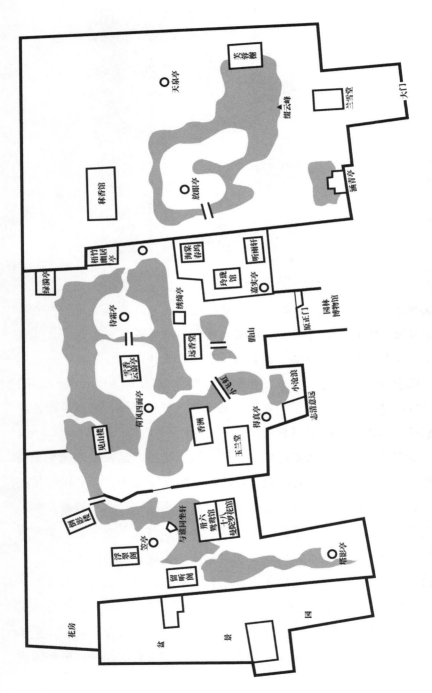

拙政园平面图

芙蓉榭
兰雪堂
天泉亭
绣云峰
秫香馆
放眼亭
涵青亭
大门

梧竹幽居亭
绿漪亭
海棠春坞
听雨轩
嘉实亭
玲珑馆
待霜亭
绣绮亭
雪香云蔚亭
远香堂
假山
荷风四面亭
小飞虹
同林博物馆
见山楼
香洲
得真亭
小沧浪
原正门
玉兰堂
志清意远
倒影楼
笠亭
与谁同坐轩
卅六鸳鸯馆
十八曼陀罗花馆
塔影亭
浮翠阁
留听阁
花房
盆景园

234

文徵明真是很懂王献臣，卸下官场的执着，换得的是更加长久的生命。孰轻孰重，只有当事人自己去思考了。

10. 曾是惊鸿照影来：中国古代文人与园林

中国的古代园林，不只是一种建筑形式和家宅形式，还是古代文人寄托情怀的场所，也是他们找寻诗词题材的好地方。很多古代园林都和当时著名的文人墨客有关，有的园林是文人经常去吟诗作赋的地方，还有的就是这些文人的家宅。

文徵明与拙政园
苏州拙政园的主人王献臣，与文徵明交好，因此拙政园也留下了文徵明的很多画作与题咏。在归隐苏州之前，王献臣就与文徵明认识，两人因为境遇相似，皆为"潦倒末杀"，所以心意相通，结下了深厚的友谊。文征明为王献臣作《王氏拙政园记》、绘《拙政园三十一景图》，又为王献臣儿子取名表字"锡麟""公振"，可见两人友情之深。

虽然没有确切的记录证明文徵明参与了拙政园的设计与营造，但以两人的交往时间来看，文徵明很可能在造园方面提出过自己的意见。两人既才学出众，年龄相仿，又有相同的经历，自是情谊深重。王献臣造园，正是找人献策之时，怎么少得了文徵明的出谋划策。在《拙政园三十一景图》中，文徵明连题带画，把拙政园内大大小小景致描绘得细致入微，更说明他对拙政园确是了如指掌。

陆游与沈园
南宋著名诗人陆游与唐婉的爱情故事，相传于沈园。
陆游与唐婉，只过了两年婚后的幸福生活。两人情投意合，感情融洽。不过，也正是因为两人终日缠绵，使陆游不思学业，致使陆母大怒，最终竟逼迫陆游休掉了唐婉，从此两人天各一方，抱憾终身。

绍兴二十一年（1151），两人邂逅于沈园，此时二人分开已有十年之久。陆游感慨之余，题《钗头凤》词于石壁上，写尽与唐婉的离别之苦：

红酥手，黄藤酒，满城春色宫墙柳。

东风恶，欢情薄，一怀愁绪，几年离索。

错，错，错！

春如旧，人空瘦，泪痕红浥鲛绡透。

桃花落，闲池阁，山盟虽在，锦书难托。

莫，莫，莫！

唐婉见词，感慨万分，也题词和之：

世情薄，人情恶，雨送黄昏花易落。

晓风干，泪痕残，欲笺心事，独语斜阑。

难，难，难！

人成各，今非昨，病魂尝似秋千索。

角声寒，夜阑珊，怕人寻问，咽泪妆欢。

瞒，瞒，瞒！

此词情意凄绝，痛述了对陆游母亲拆散他们夫妻的怨恨，不久唐婉便抑郁而终。晚年陆游又数次到访沈园，赋诗述怀。绍熙三年（1192），68岁的陆游重游沈园，此时园已易主，但四十年前那首《钗头凤》仍在石壁之上，物是人非，睹物思人，他赋诗一首，诗名却是奇长：《禹迹寺南有沈氏小园四十年前尝题小阕壁间偶复一到而园已易主刻小阕于石读之怅然》：

枫叶初丹槲叶黄，河阳愁鬓怯新霜。

林亭感旧空回首，泉路凭谁说断肠。

坏壁醉题尘漠漠，断云幽梦事茫茫。

年来妄念消除尽，回向蒲龛一炷香。

庆元五年（1199），75 岁的陆游再次来到沈园，回忆 40 多年前那场邂逅，见景生情，又赋《沈园》诗二首。其中道：

城上斜阳画角哀，沈园非复旧池台，

伤心桥下春波绿，曾是惊鸿照影来。

陆游与唐婉的爱情悲剧流传至今，而沈园也因二人的偶遇，成为见证这场旷世爱情的地方。

苏东坡与雪堂

余治东坡，筑雪堂于上。（苏轼《哨遍·为米折腰》）

苏轼因"乌台诗案"被贬谪黄州，居于东坡之下，这才有了我们熟知的"苏东坡"。元丰五年（1082），苏轼在赤壁旁的龙王山坡，盖了个房子作为自己的住所。房屋落成时，恰遇大雪，因此他将房内四壁均画上白雪，命名为"雪堂"，并做《雪堂记》纪念此事：

苏子得废园于东坡之胁，筑而垣之，作堂焉，号其正曰'雪堂'。堂以大雪中为，因绘雪于四壁之间，无容隙也。起居偃仰，环顾睥睨，无非雪者。苏子居之，真得其所居者也。苏子隐几而昼瞑，栩栩然若有所适而方兴也。未觉，为物触而寤，其适未厌也，若有失焉。以掌抵目，以足就履，曳于堂下。

苏轼盖了雪堂之后，人们都笑话雪堂简陋，只有鄱阳人董毅夫看后觉得很喜欢，并有为邻的打算。苏轼经常在田地里耕种，在崎岖的山间小路散步，与董毅夫的童仆一起在东坡唱歌，用锄头轻击牛角为他击打节拍。这种耕种锄刨的生活，苏轼却过得很安然："观草木欣荣，幽人自感，吾生行且休矣。"（苏轼《哨遍·为米折腰》）他看见草木繁盛，不觉自己也感叹道，生命也该在这里结束了吧。

苏舜钦与沧浪亭

苏舜钦，字子美，北宋诗人、书法家，"少慷慨，有大志"。但因支持范仲淹的庆历革新，得罪了守旧派而被削籍为民，闲居苏州。

有一天，被罢官不久的苏舜钦在苏州城南一块闲地小憩，这里地势高爽开阔，草木繁茂葱郁，三面环水。有感于《楚辞·渔夫》中的"沧浪之水清兮，可以濯吾缨，沧浪之水浊兮，可以濯吾足"之词，苏舜钦买下了这块闲地，不仅筑亭取名"沧浪"，还自号"沧浪翁"，归隐于此。苏舜钦曾作《沧浪静吟》来抒发心绪：

> 独绕虚亭步石矼，静中情味世无双。
> 山蝉带响穿疏户，野蔓盘青入破窗。
> 二子逢时犹死饿，三闾遭逐便沉江。
> 我今饱食高眠外，唯恨澄醪不满缸。

不管伯夷、叔齐饿死首阳也好，三闾大夫屈原自沉汩罗也罢，我在这沧浪亭中平和自乐，饱食高卧，唯一不满意的就是这美酒太少。苏舜钦之后，"沧浪之水"便成为中国古代士大夫超然世外的处世哲学，这座名为"沧浪亭"的园林也成为一代又一代仁人智士的向往之地。

王维与辋川别业

王维少年时非常聪明，17岁时就作出著名的《九月九日忆山东兄弟》，家喻户晓，年少成名。21岁中状元，诗、书、画、音律、样样精通，声名鹊起。不过，因王昌龄被贬，跟随王昌龄的王维也遭到了排挤和打压，万般无奈下选择了明哲保身，退隐江湖。

辋川位于蓝田县城西南，是"秦楚之要冲，三辅之屏障"，景色优美，初唐诗人宋之问的"辋川山庄"就在这里，只是因年久而无人打理而荒废了。王维买下了"辋川山庄"，更名为"辋川别业"，举家搬到这里，过起了半官半隐的生活。

"辋川别业"在王维的精心经营下，逐渐形成了方圆二十里的大片园林。对这里，王维倾注了很多情感，以至于每次他要上京应付官场之事时，总是依依不舍："依迟动车马，惆怅出松萝。忍别青山去，其如绿水何？"（王维《别辋川别业》）回来时则是"披衣倒屣且相见，相欢语笑衡门前"。从这两首诗可以看出，王维对辋川以及辋川人已经有了深厚的感情。

沈括与梦溪园

沈括生活在北宋中期，一生任过县主簿、昭文馆编校、提举司天监、相度两浙察访使、奉旨使辽大臣、权发遣三司使等十多种官职，学识丰富，见闻广博。神宗元丰五年（1082），52岁的沈括镇守西北边陲，抗击西夏敌军。因朝廷派到军中的宦官独断专行，导致永乐城之败，最终沈括作为替罪羊被贬，从此结束了他近30年的政治生涯，开始了闭门自清、清静悠闲的生活。

"年三十许时，尝梦至一处，登小山，花木如覆锦；山之下有水，澄澈极目，而乔木翳其上。梦中乐之，将谋居焉。"沈括三十多岁时曾做过一个梦，梦见他登上了一座景色秀丽的小山，山上有一条小溪，溪水清澈，溪边乔木参天，绿荫蔽日，这美景令沈括心旷神怡，在梦中都笑出了声。后来，他听说润州有一处田园出售，便托人买下，但因官务缠身，几年中都没有去看过。被贬官后有一次他经过润州，看到这处自己买下的田园，"恍然乃梦中所游之地"（沈括《梦溪自记》），他非常高兴，将园中的一条无名小溪命名为"梦溪"，将此园命名为"梦溪园"。

沈括在《梦溪笔谈自序》中写道："予退处林下，深居绝过从，思平日与客言者，时纪一事于笔，则若有所晤言。萧然移日，所与谈者，唯笔砚而已，谓之'笔谈'。"晚年的沈括决定在溪水潺潺、花木繁盛的梦溪园潜心写作，颐养天年。在幽静的梦溪园里，他深居简出，笔耕不倦，写下《梦溪笔谈》传世。

中国文人与园林的故事还有很多，比如石涛与片石山房、石崇与金谷园、司马光与独乐园，等等。文人将自己的学养与思想融入所建园林，可以说为园林注入灵魂，同时文人又用诗歌、绘画等手段宣传园林，使园林因与人的关系而不再只是冰冷的建筑与山石，而成为一种人情与文化的载体。

参考书目

1. 梁思成．中国建筑史［M］．天津：百花文艺出版社，2005.

2. 张宏．中国古代住居与住居文化［M］．武汉：湖北教育出版社，2006.

3. 孟元老．东京梦华录［M］．郑州：中州古籍出版社，2010.

4. 楼庆西．装饰之道［M］．北京：清华大学出版社，2011.

5. 曹林娣．静读园林［M］．北京：北京大学出版社，2013.

6. 李允鉌．华夏意匠［M］．天津：天津大学出版社，2014.

7. 李旻．细说故宫：建筑·历史·人物［M］．北京：故宫出版社，2014.

8. 单士元．故宫营造［M］．北京：中华书局，2015.

9. 计成．园冶［M］．南京：江苏凤凰文艺出版社，2015.

跋

2014年，我在公众号"意外艺术"上发表了第一篇古建筑文章，从此一发不可收拾，入了古建筑的坑，也写起了自己的公众号（全网同名"老钱的江湖"），算起来，竟然已经过去八年了。看着自己几年来积累的这些熟悉的文字，总算感到一些欣慰。我是个没什么长性的人，很难长时间坚持干一件事，要不这本书也不会拖这么长时间才出来。不过，写作这件事也算有了个阶段性成果，给了自己一个交待。

中国古建筑虽然是我的心头好，但对大多数喜爱中国文化的朋友来说，还是复杂了点，所以大多数人看古建筑也只限于了解其中的故事和历史，对建筑本身的理解还是有一点难度的。这一点对于只把古建筑当成爱好，没有经过系统学习的我来说，同样是入门的一大难点。不过，由于我同样是从古建小白过来的，这反倒成了我的一个优势，也就是我可以从初学者的角度看待古建筑，可以用他们听得懂的语言来解读，用再通俗不过的大白话来解释那些复杂的建筑术语。虽然有些内容不见得非常准确，但我看重的是能用我的角度和方式，把古建筑这个有些老迈的事物变得年轻一些、好玩儿一些，让更多人有兴趣去关注，那怕是知道一些传说和八卦，也算是在心里为中国传统建筑种下了一颗种子，这就够了。

台湾美学大师蒋勋说过一句话："我把你渡过去，就请你忘了我。"虽然他所说的一些内容也被很多人批评有错误、不严谨，等等，但还是不妨碍我们喜欢他讲述美学的方式，但愿我的这本书也能成为一只小小的渡船，在这个足不能出户、心不能安定的时节，能为你载起一丝慰藉与宁静，也算积攒了一点小小的功德。

感谢清华大学出版社的元元编辑，一直鞭策，哦不，陪伴我完成这本书，很多问题都是她帮我解决的，很专业的出版人，一个非常好的"甲方"，再次感谢。

谢谢你看到这儿，有缘再会。用我以前每篇文章后面都有的三个字来结束吧：下次见！

2022 年 4 月 11 日晚于天津